在家也會做

美味日式便當150款

長谷川りえ

持續製作家人的便當二十年。
介紹從超過4000個便當中
脫穎而出、最推薦的美味食譜。

前言

近二十年來，我每天都親手為家人做便當。

我的一天是從做便當開始，

每天起床的第一件事就是去廚房。

其實我這個人並不擅長早起。

因為想要保有自己的睡眠時間，而且每天都得做便當，

所以我打算以最短的時間在早晨準備好便當。

我的家人們反應都很誠實，有時我會因為收到他們的抱怨而自我反省，

有時也會因為他們出乎意料的讚美而高興得飛上天，時喜時憂。

我之所以會一直替家人帶便當，絕不是因為我自己單方面想這麼做，

而是因為家人吃了便當之後會給予反饋，我才能夠開心地持續下去，

並且覺得現在也依然在慢慢進步和成長。

這二十年來，我針對便當做過許多的嘗試。

起初，我曾經一早就做出好幾道相當耗費工夫的料理，

也做過不適合放進便當的菜色，總是一再地在失敗和錯誤中摸索學習。

後來隨著時光流逝，菜色的內容和作法都漸漸有了改變。

本書將會介紹我從長年的經驗中，摸索出最簡單美味的烹調方式、

反覆做過好幾次的推薦菜色和變化方法，

以及沒點子時派得上用場的食材、方便好用的常備菜等等。

書中所刊載的便當，都是我當天早晨做好後拍攝的實品。

但願各位在看了我的便當之後，能產生「原來這樣也可以啊！」的輕鬆心情，

並且作為每日便當菜色的參考。

長谷川りえ

長谷川りえ

以料理研究家的身分活躍於業界，約莫從二十年前開始為丈夫和孩子製作便當，並且將每天早上做好的便當拍攝下來，放在部落格中介紹。至今做過的便當數量超過4000個，本書則是從其中精選出150種以上的便當，公開作法及其親自拍攝的照片。
「家族へ　健康弁当（獻給家人的健康便當）」http://riesan.exblog.jp

CONTENTS

PART 1

變化學問大！

經典菜色便當

PART 2

沒點子時這樣做就對了！

不同素材的便當變化

PART 3

事先備好就不用擔心!

簡單常備菜

Column

●材料表所記載的分量為1小匙
＝5ml,1大匙＝15ml,1杯＝
200ml。
●微波爐的加熱時間為參考數
值。各家廠牌和機種的火力有
所不同,請視情況調整加熱的
時間。
●保存期限為參考值。食材的
新鮮程度、季節、保存狀態皆
會影響時間的長短,請視實際
狀況加以判斷。

不 過 度 努 力 才 能 開 心 持 續 下 去 的

「 輕 鬆 便 當 」 的 重 點

POINT

1 ⋮ 沒 有 常 備 菜 也 毋 須 擔 心 !

製作便當時有常備菜確實會比較輕鬆，
然而現實情況是家裡並不是隨時都有，況且有時連做常備菜的時間都沒有。
以我來說，我幾乎都是看冰箱裡有哪些食材決定菜色後，
當天早上再製作配菜。
持續做了好幾年便當之後，
就會慢慢開始知道哪些食材買著備用格外方便好用。

[建 議 常 備 在 冰 箱 裡 的 食 材]

這些是我經常用來做便當的食材。除此之外，我也會隨時準備一些醃漬菜、撒在飯上的香鬆等等（P95）。

彩椒、青椒

可當主菜也可當配菜，而且色彩鮮豔，非常好用。

綠花椰菜（西蘭花）

事先水煮好，要用時就非常方便（P88）。除了直接放進便當裡之外也可以拿來炒。

培根（煙肉）

沒有肉時很好用。可以做成培根捲或用炒的。

蛋

像是煎蛋捲（P42）、炒蛋（P68）等等，有了蛋就不用煩惱菜色了。

青紫蘇

除了用來做菜，也可以在盛裝時用來分隔料理或當成墊料。

蕈菇

鴻喜菇、舞菇、杏鮑菇等等。可用來做主菜或配菜。

高麗菜

經常用來做配菜。有時也會切成細絲，直接放進便當盒。

茄子

和肉很搭，在我家的出場次數相當多，會用炒的方式料理。

竹輪

既有鮮味又有分量感。也能當成主要菜色。

2 料理要在15～20分鐘內完成

如果要做費時費工的便當，就會很難每天堅持下去。
所以，我只會做可以在15～20分鐘內完成的簡單菜色，
而省時料理不可或缺的幫手就是微波爐。
微波加熱的同時，可以趁機準備其他食材或用瓦斯爐（煤氣爐）烹煮，
而且微波加熱不僅容易入味，呈現出來的口感也很鬆軟，
有許多料理正是因為用微波爐加熱才能做得更加美味。

[省時的重點] 　早晨下廚時我會使用微波爐和小平底鍋，盡可能精簡程序。如果有時間，也會將晚餐的料理或是簡單的備用菜多做一些放在冰箱。

活 用 微 波 爐

比起水煮，用微波爐加熱蔬菜更加省時。滷牛肉（P16）、肉燥（P24）等料理只要使用微波爐就能充分入味。

使 用 小 平 底 鍋

我用來做便當的平底鍋是直徑18cm左右。因為材料較少，所以小平底鍋反而比較方便料理，也能夠縮短加熱時間。

晚 餐 時 多 做 一 些 備 用

像是日式炸雞（P34）、漢堡排（P38）這些也能放進便當的菜色，我會在準備晚餐時順便多做一些，然後把帶便當的分量留下來備用。

簡 單 的 備 用 菜

當冰箱裡什麼都沒有時，如果有一些稍微調理過的備用菜就太好了。像是用調味料醃漬的肉、水煮過的綠花椰菜、炒牛蒡絲等等，有這些簡單的料理便足夠。

組合搭配

「重口味＋清淡口味＋未經調味的蔬菜」

做便當時最令我煩惱的就是菜色的搭配了。

為了避免都是重口味或太過清淡的菜色，

我會特別留意味道上的層次變化。

假如一共有3道菜，主菜會是重口味，配菜是清淡口味，

最後1道則是直接放入沒有經過調味的綠花椰菜、菠菜等蔬菜。

蔬菜原有的風味和口感會發揮清口解膩的效果，平衡整體的味道。

[重口味]	[清淡口味]	[未經調味的蔬菜]
像薑燒豬肉（P12）、滷牛肉（P16）等等，這些都是下飯的主菜。	馬鈴薯沙拉（沙律）、涼拌蔬菜等味道溫和、清爽的菜色。	加熱過的蔬菜、高麗菜絲等。配合整體的色彩和盛裝方式來選擇。

醬油雞（P78）。以微波爐加熱用醬油醃漬入味的雞肉，做成照燒風味。

煎蛋捲（P42）。加入味醂、醬油和沾麵醬的微甜口味。

菠菜（P90）。以微波爐加熱後擰乾水分，放進便當盒。

肉捲（P30）。省時重點在於將彩椒等可生食的蔬菜捲起來。

涼拌高麗菜（P28）。以芝麻油和鹽、胡椒涼拌的簡單調味。

微波加熱的綠花椰菜（P88）。具分量感，也能為口感帶來不一樣的變化。

4

借用曲木便當盒的力量

起初我是使用塑膠材質的密閉容器當作便當盒，
不過大約從十年前起，
我開始改用曲木的便當盒。
曲木便當盒不僅輕巧實用，
還能夠吸收多餘的濕氣，讓食材不易腐敗。
即便是普通的菜色，一放進曲木便當盒裡，
看起來也會格外地美味。

只要使用曲木便當盒，即使便當裡只有煎蛋捲、綠花
椰菜、炒維也納香腸、滷羊栖菜這些普通的菜色，或
者只是把烤肉擺在飯上面，看起來也都相當美味。

5

不 要 只 放 好 料

吃的人覺得滿意固然是件令人高興的事情，
但是每天都只做好料實在太辛苦了。
雖然我先生討厭吃小番茄和番薯，
不過我有時還是會把手邊現有的食材放進去。
不可思議的是，只要放進便當盒裡，
原本討厭的食物就會自然而然變得敢吃了，
因此就結果來說，挑食的情況也算是有所改善吧。

儘管知道我先生不愛吃小番茄、番薯，我依然為了
增添色彩而放進便當盒裡。沒想到當天他竟然全部
吃完，沒有留下剩菜。

6

偶 爾 做 不 好 也 沒 關 係 ！

早上起床發現冰箱裡什麼都沒有的日子，
累到提不起勁的日子……
有時遇到這種情況，便當的外觀也差強人意，
我偶爾也會反省只是隨便拼湊出來的便當。
有時成功、有時失敗是理所當然的事情！
允許自己偶爾做不好也沒關係，
或許正是我能長久持續下去的祕訣。

左邊是鋪滿常備的肉燥，然後用水煮蛋和菠菜勉強
做出造型的便當。右邊是因為沒有食材了，所以就
把義大利麵當成一道菜放進去的便當。

「 輕 鬆 便 當 」 的 製 作 流 程

早上起床後到做好便當所花費的時間，大約是30分鐘！
只要前一天晚上先把便當要用的食材放在一起，早上就能不慌不忙地完成。

[前 一 天 晚 上]　　　　　　　　　　[早 上]

確認食材，放進保存袋中

像是沒用完的蔬菜或肉等等，事先從冰箱選出可以拿來做便當的食材，放進保存袋中。如果還有餘裕，可以先把蔬菜切好，這樣早上就更輕鬆了。

從冰箱取出食材

拿出前一天收在保存袋中的食材，思考菜色。如果有常備菜或晚餐的剩菜就一起使用。

烹調

決定好菜色後就開始烹調。在以微波爐加熱食材的同時使用瓦斯爐，效率會更高！

盛裝

把飯裝進便當盒，再盛入做好的料理（P92）。用曲木便當盒的話就不用等料理冷卻後再裝，可以縮短時間。

拍照

便當裝好之後，移動到廚房的窗邊，用相機拍攝便當的紀錄用照片（P76）。

PART 1

經 典 菜 色 便 當

薑燒豬肉、肉燥、日式炸雞、煎蛋捲
等等，這些是放進便當裡絕對不會出
錯的經典菜色，在我家的便當裡也出
現過好幾次。以下將介紹我反覆做過
多次的基本食譜，以及改變食材、調
味的變化方式。請將便當的變化款也
一併參考看看。

薑燒豬肉便當

在我家，薑燒豬肉是最熟悉常見的料理之一。

從有厚度的里肌肉，到火鍋用的薄肉片，

無論何種類型的肉都適合做成薑燒豬肉。

比方說，薄肉要攤在平底鍋裡加熱，

厚肉只要以小火將調味料熬煮、包覆在肉上入味就會非常好吃。

我從長年的經驗中，學會了對各個食材而言最適當的烹調方式。

撕碎海苔撒在飯上，再擺上薑燒豬肉。將青江菜（小棠菜）縱切成4等分以平底鍋慢慢乾煎，然後圍繞在薑燒豬肉四周，如此一來就會顯得十分華麗。最後佐上用來提味的紅薑絲。

POINT

- 肉要確實攤開，讓醬汁包覆在表面上。
- 放入調味料的順序很重要。
  醬油先放會導致燒焦或無法均勻入味，須特別留意。
- 為了保有蔬菜的口感，要等煎完肉再加入。

基本作法

薑燒豬肉

[材料] 1人份

薑燒豬肉用的豬里肌肉（豬柳）　4片
薑泥（薑蓉）　1小匙
味醂　2小匙
醬油　2小匙
彩椒（紅·黃）　各少許
沙拉油　少許

1　彩椒切成細條狀。

2　在平底鍋中加熱沙拉油，攤開豬肉以中火來煎。待
肉熟了再放入彩椒。

3　依照薑泥、味醂、醬油的順序加入，一邊讓醬汁包
覆整體，一邊熬煮到幾乎收汁為止。

ARRANGE_1

微辣風味

咖哩薑燒豬肉

[材料] 1人份

薑燒豬肉用的豬里肌肉　4片
薑泥　1小匙
咖哩粉　少許
味醂　2小匙
醬油　2小匙
洋蔥　少許
沙拉油　少許

1　洋蔥切成厚1cm的月牙狀。

2　在平底鍋中加熱沙拉油，以中火煎豬肉和
洋蔥。

3　熟了以後，依照薑泥、咖哩粉、味醂、醬
油的順序加入。一邊讓醬汁包覆整體，一
邊熬煮到幾乎收汁為止。

ARRANGE_2

少量即可帶出味道層次

醬油麴薑燒豬肉

[材料] 1人份

碎豬肉片　50g
薑泥　1小匙
味醂　2小匙
醬油麴（市售品）　1又½小匙
大蔥　少許
青椒　¼顆
沙拉油　少許

1　大蔥斜切成薄片，青椒切成細條狀。

2　在平底鍋中加熱沙拉油，以中火一邊弄散
豬肉一邊翻炒。

3　等肉熟了以後加入**1**，接著依照薑泥、味
醂、醬油麴的順序加入，一邊讓醬汁包覆
整體，一邊熬煮到幾乎收汁為止。

薑燒豬肉便當的變化款

01

02

03

加入少許洋蔥

只加入少許洋蔥,幾乎都是肉的薑燒豬肉。因為蔬菜太少,所以我添上了鹽漬小黃瓜和炒牛蒡絲(P82)當成配菜。

滿滿地鋪在飯上

把薑燒豬肉蓋在飯上,幾乎鋪滿滿的便當。配菜是用微波爐將豆芽菜和鴻喜菇蒸過後用芝麻醬拌成涼拌菜,以及水煮皇宮菜。

以紅蘿蔔增添色彩

用帶有甜味的紅蘿蔔取代洋蔥,增添色彩。配菜則是涼拌高麗菜(P28)。小黃瓜美乃滋(蛋黃醬)沙拉只要用火腿捲起來,就會變得像花束一般。

07

08

09

加入大蔥

加了大蔥的薑燒豬肉。將水煮南瓜壓成泥做成沙拉,再用黑胡椒帶來微辣的變化。四季豆則是做成味道清爽的涼拌芝麻風味。

搭配紅蘿蔔和洋蔥

以碎豬肉片、洋蔥、紅蘿蔔做成薑燒豬肉。下面鋪了大量以微波爐加熱的春季高麗菜。另外添上微波加熱過的甜豆、佃煮昆布。

變化成咖哩風味

咖哩風味的薑燒豬肉(P13)。只是稍微改變一下味道,就能讓人產生「不同以往」的感覺。配菜是炒牛蒡絲(P82)、水煮綠花椰菜(P88)。

像是碎肉片、火鍋肉片、雞肉等等，我試過許多不同種類的肉。
除了肉之外，即便只是把搭配用的蔬菜改成紅蘿蔔、大蔥、青椒等等，
也會給人帶來完全不同的印象。

04

利用韭菜增強活力

豬肉搭配韭菜的活力滿滿薑燒豬肉。另外添上將常備的水煮綠花椰菜（P88）和蟹肉棒用美乃滋拌成的大分量沙拉，以及鵪鶉蛋。

05

只使用肉

只有肉的薑燒豬肉，和炒牛蒡絲（P82）是絕佳組合！涼拌高麗菜（P28）是用微波爐加熱1分鐘，然後拌入芝麻油、鹽、胡椒做成的簡單配菜。

06

加入大量蔬菜

我在薑燒豬肉中加入了大量的青椒、彩椒、洋蔥，讓色彩變得豐富繽紛。微波加熱過的甜豆光是擺上去，就能讓外觀更加吸睛！

10

以醬油麴調味

醬油麴薑燒豬肉（P13）。醬油麴的味道濃郁，只需使用少量便足夠，同時還能突顯味酥溫和的甜味。配菜是煎蛋捲（P42）、水煮白花椰菜、黃地瓜（黃心番薯）。

11

使用火鍋肉片

火鍋豬肉片因為很薄，所以開火前要先平鋪在平底鍋裡。這麼做可以讓肉在煎的時候不會捲成一團。配菜是涼拌水茄子和茗荷、涼拌高麗菜（P28）。

12

使用雞肉

薑燒雞肉。不管是雞腿肉還是雞胸肉，只要切小、切薄就會很快熟，也容易裹上醬汁。配菜是將菠菜捲起來的煎蛋捲（P42）、炒牛蒡絲。

滷牛肉便當

以前我都是用鍋子慢慢燉煮讓牛肉入味，
後來我在假日中午用微波爐快速做了這道菜，結果深獲孩子的好評！
自那之後，我家的滷牛肉就都是用微波爐烹調了。
由於不加入多餘的水分，因此能夠突顯食材和調味料的味道，
做出十分下飯的濃郁滋味。
我經常會一次做很多，當成常備菜使用。

撕碎海苔撒在飯上，再擺上瀝乾湯汁的滷牛肉。用美乃滋、芝麻油拌常備的水煮綠花椰菜（P88）和櫻花蝦，做成中式沙拉。最後添上對半切的水煮蛋（P86）、醃漬菜，增添色彩。

16

POINT

● 因為是用微波爐烹調，所以任誰都能輕鬆地成功做出這道菜。
● 使用的材料只有醬油、砂糖，以及搭配用的蔬菜。
● 由於牛肉徹底入味，因此吃起來相當鮮美！

基 本 作 法

滷 牛 肉

[材 料] 方 便 製 作 的 分 量

牛肉薄片　500g
醬油　4大匙
砂糖　3大匙
大蔥　½支

1 牛肉切成容易入口的大小，大蔥斜切成薄片。

2 將所有材料放入大的耐熱碗中，整體均勻混合後寬鬆地覆上保鮮膜，以600W的微波爐加熱5分鐘。

3 將整體充分攪散，再次覆上保鮮膜加熱3分鐘。

4 待牛肉完全熟透就取下保鮮膜再加熱2分鐘，之後將整體攪拌均勻，大致放涼。

★放入冷藏庫可保存約5天。

ARRANGE_1

略 為 辛 辣 的 風 味

醬 油 麴 滷 牛 肉

[材 料] 方 便 製 作 的 分 量

牛肉薄片　300g　　　砂糖　1又½大匙
醬油麴（市售品）　　大蔥　⅓支
　2大匙　　　　　　　紅辣椒　½根

1 牛肉切成容易入口的大小，大蔥斜切成薄片，紅辣椒切成圈狀。

2 將紅辣椒以外的材料放入大的耐熱碗中，整體混合均勻後寬鬆地覆上保鮮膜，以600W的微波爐加熱3分鐘。

3 將整體充分攪散，再次覆上保鮮膜加熱2分鐘。

4 待牛肉完全熟透就取下保鮮膜再加熱2分鐘，之後加入紅辣椒將整體攪拌均勻，大致放涼。

★放入冷藏庫可保存約5天。

ARRANGE_2

滿 滿 的 洋 蔥

牛 肉 蓋 飯 風 格

[材 料] 方 便 製 作 的 分 量

碎牛肉片　500g
醬油　3大匙
砂糖　3大匙
洋蔥　1顆

1 洋蔥切成厚1cm的月牙狀。

2 將所有材料放入大的耐熱碗中，整體混合均勻後寬鬆地覆上保鮮膜，以600W的微波爐加熱5分鐘。

3 將整體充分攪散，再次覆上保鮮膜加熱3分鐘。

4 待牛肉完全熟透就取下保鮮膜再加熱2分鐘，之後將整體攪拌均勻，大致放涼。

★放入冷藏庫可保存約5天。

滷牛肉便當的變化款

01

搭配少量的洋蔥

便當盒裡裝了滿滿洋蔥較少的滷牛肉。另外也裝了大量的高麗菜絲,和肉一起享用。佃煮昆布不僅下飯,也為整體增添色彩。

02

利用配菜補充蔬菜

將白蘿蔔連皮切成細條狀,做成類似炒牛蒡絲的風味,搭配滷牛肉一起享用。想要有綠色蔬菜,於是放入涼拌高麗菜(P28)。另外還加上水煮蛋(P86)。

03

撒上珠蔥

平常我都是把滷牛肉當作常備菜製作,不過如果是少量,有時我也會在早上製作。盛裝的最後撒上珠蔥來增添色彩。配菜是炒彩椒、中式醃小黃瓜。

07

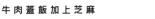

牛肉蓋飯加上芝麻

牛肉蓋飯風格的滷牛肉(P17)非常下飯。裝進便當盒後撒上一點白芝麻來增添風味。配菜是簡單的水煮綠花椰菜(P88)和燉煮紅蘿蔔。

08

只使用牛肉

只使用牛肉製作的滷牛肉口味較重。我試著打開微波加熱過的甜豆,讓豆子四處散落。裝入大量的炒菠菜,再以紅色的福神醃漬菜加以點綴。

09

以醬油麴變換風味

用醬油麴做的滷牛肉(P17)。紅辣椒的辛辣令人胃口大開。因為口味較重,所以配菜的炒豆芽菜和青椒味道做得比較清淡。

18

只要以蕈菇、洋蔥、大蔥等來搭配牛肉，分量感立刻大增！
由於口味較重，因此配菜會搭配比較清爽的蔬菜。

04

裝滿各種配菜

這個便當裡裝滿了滷牛肉和許多配菜。將菠菜和櫻花蝦撒上鹽、胡椒後用芝麻油拌炒，另外還有將海苔捲起來的煎蛋捲（P43）及水煮鵪鶉蛋。

05

搭配香菇

加入大量香菇，分量滿點的滷牛肉。因為冰箱裡正好有能夠為便當增色的紅蘿蔔和青椒，於是就稍微乾煎一下當成配菜。

06

擺上辣椒絲

將辣椒絲擺在只加入洋蔥和金針菇的滷牛肉上，添加些許辛辣味道。配菜是涼拌高麗菜（P28），以及清爽的水煮蘆筍搭配檸檬。

10

佐以風味爽口的配菜

由於滷牛肉的口味較重，因此和風味清爽的配菜很搭。蕪菁是用鹽巴淺漬，做成清爽的醃漬菜，然後佐上檸檬片。另外用粉紅色的醃漬菜加以點綴。

11

搭配蕈菇

這道只加入金針菇的滷牛肉，搭配的配菜是煎蛋捲（P42）。另外我還用美乃滋、鹽、胡椒涼拌切得較厚的西洋芹和彩椒，做成富有口感的沙拉。

12

鋪在飯上做成蓋飯

加入較多洋蔥的牛肉蓋飯風格（P17）。無論大人小孩都喜歡在飯上擺滿滷牛肉享用。配菜是綠色蔬菜、小番茄、水煮蛋（P86）。

19

烤肉便當

無條件深受喜愛的烤肉便當。

只要有市售的烤肉醬（燒烤醬），就能用平底鍋輕鬆完成。

若是在烤肉醬中加入少許蠔油或醬油等其他調味料，

又會變成另一種不同的風味。

雖然有時肉冷掉會變硬，但是經過我不斷地嘗試，

終於發現只要用小火慢煎，即使冷了肉質依舊軟嫩！

我家的人似乎覺得鹹甜調味最下飯，於是我試著在烤肉醬中加了苦椒醬。肉下面鋪了大量的炒青椒。由於肉比較油膩，配菜就用酸桔醋醬油拌紫洋蔥和鴻喜菇，做成清爽的風味。

20

POINT

● 燒烤用的肉只要以小火慢煎，即使冷了依舊軟嫩。

● 肉要攤開來煎，讓兩面都確實裹上醬料。

● 冷卻的時候，醬料會慢慢滲進肉裡，
　因此醬料切記不要熬煮過頭。

基本作法

烤肉

[材 料] 1人份

燒烤用豬肉　5片
烤肉醬（市售品）　1大匙
苦椒醬　1小匙
青椒・紅椒　各¼顆
辣椒絲　適量
沙拉油　少許

1 將豬肉放入保存袋中，加入混合好的烤肉醬和苦椒醬整體拌勻，置於冷藏庫醃漬一晚。

2 青椒跟紅椒切成細條狀。

3 在平底鍋中加熱沙拉油，排入**1**的肉後以小火煎兩面。加入用來醃漬的醬料和**2**拌炒，讓整體確實沾附上醬料。添上辣椒絲。

ARRANGE_1

提升濃郁度和風味！

烤肉醬＋蠔油

[材 料] 1人份

碎豬肉片　50g
洋蔥　⅙顆
烤肉醬（市售品）　1大匙
蠔油　½小匙
沙拉油　少許

1 洋蔥切成厚1cm的月牙狀。

2 在平底鍋中加熱沙拉油，一邊將豬肉弄散放入一邊以小火拌炒。待肉幾乎熟了就加入洋蔥。

3 等到整體都熟了，加入烤肉醬和蠔油，讓整體確實裹上醬料。

ARRANGE_2

使用炸豬排用的肉

烤肉醬＋味醂＋醬油

[材 料] 1人份

炸豬排用的豬里肌肉　1片
烤肉醬（市售品）　1大匙
味醂　2小匙
醬油　1小匙
韭菜　1支
洋蔥・鴻喜菇　各少許
沙拉油　少許

1 在平底鍋中倒入沙拉油潤鍋，之後放入豬肉，以小火慢煎兩面。

2 韭菜切成5cm長，洋蔥切成厚1cm的月牙狀。剝散鴻喜菇。

3 待肉熟了，就依照烤肉醬、味醂、醬油的順序加入混勻。加入**2**，以小火翻炒，炒到蔬菜變軟即可關火。

烤 肉 便 當 的 變 化 款

01

使用豬五花肉

先用平底鍋炒高麗菜，取出後再煎豬五花肉，並以烤肉醬調味。由於顏色不夠繽紛，於是我添上了紅色的福神醃漬菜。

02

以西洋芹做成中式風格

以烤肉醬為碎豬肉片和西洋芹調味。西洋芹吃起來意外地順口，做成中式炒菜的風格。配菜是番茄醬汁炒杏鮑菇、四季豆拌柴魚片梅肉。

03

搭配洋蔥

和洋蔥一起做成烤肉。彩椒微波加熱後拌入芝麻油、鹽、胡椒，做成涼拌菜。放在涼拌燙芹菜旁邊，紅綠的對比非常美麗。

07

利用味醂添加溫和甜味

假使烤肉醬的味道偏鹹，只要加入味醂就能增添溫和的甜味，變得更下飯。紅蘿蔔是用削皮器削成薄片，和番茄醬一起炒。

08

以酸桔醋增添清爽感

和大蔥、紅椒一起炒，並且在烤肉醬中加入酸桔醋醬油，做成口味清爽的一道料理。配菜是涼拌高麗菜（P28）、水煮蛋（P86）。

09

利用彩椒增添華麗感

只要以隨意切成大塊的彩椒搭配豬五花肉，整體就會顯得十分華麗。煎蛋捲（P42）裡加了大量的鴨兒芹，讓便當的後味更清爽。

在我家，通常都是以烤肉醬為基底，
搭配蠔油或酸桔醋醬油、味酥等其他調味料，
創造出濃郁、辛辣、清爽等各式各樣的風味。

04

05

06

利用醬油增添香氣

這道菜是以薑燒豬肉用的豬肉製作。因為在烤肉醬裡加了少許醬油，所以香氣格外濃郁迷人。配菜是馬鈴薯沙拉和炒紅蘿蔔絲。

使用牛里肌肉

燒烤用的牛里肌肉（牛柳）只要慢慢地煎熟，使其確實沾裹上醬料，就會非常美味。茄子和洋蔥用味噌來炒（P48）。另外添上萵苣和茗荷做成的沙拉（P28）。

強調青椒的口感

豬五花肉煎好後加入青椒拌炒，接著取出青椒為肉調味，再把青椒放回去。如此一來就可以保留青椒清脆的口感。配菜是蕈菇佐醬汁。

10 11 12

使用炸豬排用的肉

使用炸豬排用的肉做成的烤肉（P21）。只要和蔬菜一起用小火慢慢加熱，就會非常入味且柔軟。配菜是芝麻美乃滋拌竹輪和火腿，以及高麗菜絲。

加入蔥和青椒

將牛肉、大蔥、青椒一起煎，之後只取出大蔥，進行調味。有了呈現金黃色澤又充滿香氣的大蔥，不僅外觀好看，也能夠促進食慾。

使用蠔油

以烤肉醬和蠔油（P21）調味，讓碎豬肉片的風味更加濃郁。配菜是鹽漬高麗菜和小黃瓜、蟹肉棒沙拉、高湯塊煮馬鈴薯。

肉燥便當

每當買了很多絞肉，
或是有預感接下來幾天會很忙碌時，我一定會做大量的肉燥。
我的孩子也很喜歡這道菜，每每總是轉眼間就一掃而空。
用微波爐製作能夠將肉的鮮味緊緊鎖住，十分美味！
除了放在飯上面，還可以混在煎蛋捲裡，
或是做成麻婆風味自由變化，非常方便。

有肉燥這道菜的時候，我一定會做成三色便當。搭配炒蛋（P68）以及將菠菜切成小段去炒的料理。另外，若是再添上紅色醃漬菜，三色便當就會更顯華麗，也能夠為口感增添一些變化，十分推薦。

POINT

- 多 做 一 些 當 成 常 備 菜 準 沒 錯 。
- 不 放 入 多 餘 的 水 分 和 油 ， 僅 以 砂 糖 和 醬 油 製 作 。
- 只 要 用 湯 匙 背 面 仔 細 地 壓 散 絞 肉 ， 就 會 變 成 細 緻 的 肉 燥 。

基 本 作 法

肉 燥

[材 料]　方 便 製 作 的 分 量

喜歡的絞肉　300g
醬油　4大匙
砂糖　3大匙

1 將絞肉放入耐熱碗中，加入醬油和砂糖整個攪拌均勻。寬鬆地覆上保鮮膜，以600W的微波爐加熱3分鐘。

2 以湯匙背面壓散已經熟的肉，混合均勻後再次覆上保鮮膜，加熱2分鐘。

3 重複和**2**相同的步驟，待肉完全熟了就取下保鮮膜，再次加熱2分鐘。

4 攪拌至湯汁遍布整體，大致放涼。

★放入冷藏庫可保存約5天。

ARRANGE_1

清 爽 滋 味

黑 醋 肉 燥

[材 料]　方 便 製 作 的 分 量

喜歡的絞肉　300g
黑醋　1大匙
醬油　2又½大匙
砂糖　3又½大匙

1 將絞肉放入耐熱碗中，加入黑醋、醬油、砂糖整個攪拌均勻。寬鬆地覆上保鮮膜，以600W的微波爐加熱3分鐘。

2 以湯匙背面壓散已經熟的肉，混合均勻後再次覆上保鮮膜，加熱2分鐘。

3 重複和**2**相同的步驟，待肉完全熟了就取下保鮮膜，再次加熱2分鐘。

4 攪拌至湯汁遍布整體，大致放涼。

★放入冷藏庫可保存約5天。

ARRANGE_2

風 味 濃 郁

味 噌 肉 燥

[材 料]　方 便 製 作 的 分 量

喜歡的絞肉　300g
味噌　2大匙
砂糖　2大匙

1 將絞肉放入耐熱碗中，加入味噌、砂糖整個仔細攪拌均勻。寬鬆地覆上保鮮膜，以600W的微波爐加熱3分鐘。

2 以湯匙背面弄散已經熟的肉，混合均勻後再次覆上保鮮膜，加熱2分鐘。

3 重複和**2**相同的步驟，待肉完全熟了就取下保鮮膜，再次加熱2分鐘。

4 攪拌至湯汁遍布整體，大致放涼。

★放入冷藏庫可保存約5天。

肉燥便當的變化款

01 添加烤肉

以肉燥、炒蛋（P68）、涼拌青椒做成三色便當，但是因為覺得肉燥的量不夠多，於是又趕快用豬里肌肉做成烤肉放進去。

02 斜向盛裝

擺在白飯上面的是肉燥以及炒蛋（P68）。斜向盛裝可以營造出不同往常的氣氛。配菜是炒高麗菜絲、網烤鮭魚（三文魚）。

03 肉量豐富的三色便當

以肉燥、炒蛋（P68）、涼拌菠菜做成的三色便當。有一半以上的面積都被肉燥所覆蓋。即使菜色相同，改變三色的配置也會給人不同的印象。

07 奶油玉米登場

在這個幾乎沒有蔬菜的早晨，我在玉米裡加入奶油（忌廉）後微波加熱，和肉燥一起放在飯上。接著擺上水煮鵪鶉蛋、滷昆布、野澤菜。

08 滷蛋是增色重點

這天的菜色很充實，有滷豬肉以及滷蛋（P87）、水煮綠花椰菜（P88）、滷羊栖菜（P85）、肉燥，全部都是常備菜。鮮豔的蛋黃為整體增色不少。

09 韭菜雞肉燥

以鹽、胡椒、醬油、中式高湯粉為雞絞肉調味，做成加了韭菜的肉燥。配菜是炒蛋（P68）、燉煮紅蘿蔔和蒟蒻、涼拌四季豆。

以褐、黃、綠3色為基礎，配合便當盒的形狀盛裝。

最後只要再加上紅色醃漬菜或黑色佃煮料理加以點綴，即可讓便當變得美觀又吸睛。

04

混入彩椒

將紅椒丁用微波爐加熱之後混進肉燥中。放上用鹽、胡椒炒的小松菜丁和吻仔魚（白飯魚），再佐上糖煮紅蘿蔔。

05

以蔬菜添加綠色和紅色

這天的便當使用了肉燥和雞肉火腿這2道常備菜，唯一缺少的就是蔬菜。四季豆切細後下鍋炒，彩椒則是微波加熱後拌入醬汁，快速做成醋漬料理。

06

佃煮昆布是亮點

飯上面鋪滿大量的肉燥。配菜是煎蛋捲（P42）、培根炒菠菜。昆布的黑色成為整體的視覺焦點。

10

加入黑醋

加入少許的黑醋，做成雞肉肉燥（P25）。醋不但有提鮮的效果，還能讓便當不容易腐敗，因此也很推薦夏季時使用。配菜有炒蛋（P68）、炒青江菜。

11

肉量十足的便當

主菜是日式炸雞和肉燥。用鹽巴搓揉白菜後和紅紫蘇香鬆混合而成的配菜，能夠發揮清口解膩的效果。另外還添上色彩亮麗的紅薑，為整體增添不一樣的風味。

12

為味噌口味添加變化

將味噌口味的雞肉肉燥（P25）平鋪於整個便當盒，在正中央放上烤肉醬炒鴻喜菇和茄子。紅蘿蔔是用削皮器削成薄片後再用鹽巴搓揉。

快 速 蔬 菜 料 理

涼拌高麗菜

[材 料] 1人份

高麗菜1片　鹽・胡椒各少許
芝麻油少許

1 高麗菜切成一口大小，放進
耐熱容器中寬鬆地覆上保鮮
膜，以600W的微波爐加熱1
分鐘。

2 瀝乾多餘的水分，趁熱撒上
鹽、胡椒，加入芝麻油整個
混拌均勻。

芝麻拌四季豆

[材 料] 1人份

四季豆5支　水1大匙　Ⓐ《砂
糖⅓小匙　研磨芝麻（白）1小
匙　醬油少許》

1 四季豆去筋，切成4㎝長。放
入耐熱容器中寬鬆地覆上保
鮮膜，以600W的微波爐加熱
1分鐘。

2 瀝乾多餘的水分，趁熱加入
Ⓐ拌勻入味。

黃芥末拌紅蘿蔔

[材 料] 1人份

紅蘿蔔⅛根　鹽少許　沾麵醬
（免稀釋型）1小匙　黃芥末
少許　炒芝麻（白）少許

1 紅蘿蔔切成細條狀，撒上鹽
巴靜置2～3分鐘，然後用紙
巾拭去水分。

2 在碗中放入沾麵醬和黃芥末
混合，加入**1**拌勻。最後混
入芝麻。

煎蔥白

[材 料] 1人份

大蔥（蔥白）5㎝

1 將大蔥切成一半的長度，放
進平底鍋以小火慢煎，不要
移動。

2 待煎出色澤就翻面繼續煎。
確認熟了之後便取出。

蒸茄子

[材 料] 1人份

茄子½條　茗荷⅓個　芝麻油
⅓小匙　鹽少許

1 茄子縱向切片，茗荷斜切成
薄片。

2 將茄子放入耐熱容器，拌入
芝麻油和鹽，以600W的微波
爐加熱1分鐘。大致冷卻後混
入茗荷。

萵苣茗荷沙拉

[材 料] 1人份

萵苣1片　茗荷⅓個

1 將萵苣切成細絲，茗荷切成
薄片。

2 混合萵苣和茗荷。

以下介紹幾種簡單的涼拌料理、拌炒料理。
每一樣配菜都能在短時間內完成，
還少一道菜時就能派上用場。

涼拌燙小松菜

[材 料] 1人份

小松菜2株　沾麵醬（免稀釋
型）少許

1 小松菜切成一半長度，放入
耐熱容器中寬鬆地覆上保鮮
膜，以600W的微波爐加熱1
分鐘。

2 瀝乾多餘水分後浸在水中，
再用手擰乾，切成容易入口
的長度。淋上沾麵醬。

油豆皮炒豆芽菜

[材 料] 1人份

油豆皮⅓片　豆芽菜30g
鹽・胡椒各少許　醬油⅓小匙
沙拉油少許

1 油豆皮切成1cm寬，放入熱好
沙拉油的平底鍋，以中火翻
炒。加入豆芽菜，撒上鹽、
胡椒。

2 豆芽菜熟了之後，以畫圓方
式淋上醬油，等到香氣出來
就關火。隨個人喜好撒上少
許七味辣椒粉。

德式煎馬鈴薯

[材 料] 1人份

馬鈴薯½顆　水1大匙　培根1
片　毛豆（從水煮過的豆莢中
取出）5粒　鹽・胡椒各少許
沙拉油少許

1 馬鈴薯切成1cm厚，和水一起
放入耐熱容器中，寬鬆地覆
上保鮮膜，以600W的微波爐
加熱3分鐘。

2 在平底鍋中加熱沙拉油，以
中火炒**1**和切成一口大小的
培根，撒上鹽、胡椒，關火
後混入毛豆。

小黃瓜拌梅肉

[材 料] 1人份

小黃瓜⅓根　鹽適量　梅乾少
許

1 在小黃瓜上裹滿鹽巴，用手
確實地搓揉。以擀麵棍輕輕
敲打後靜置5分鐘，洗去鹽巴
後用紙巾拭去水分。

2 將**1**切成容易入口的大小後
放入碗中，拌入去將剁碎的
梅乾。

美乃滋拌青江菜

[材 料] 1人份

青江菜2～3片　Ⓐ《鹽・胡椒
各少許　美乃滋1小匙》

1 青江菜洗好後用保鮮膜寬鬆
地包起來，以600W的微波爐
加熱40秒。用紙巾拭去多餘
的水分，大致放涼。

2 將**1**切成容易入口的大小，
和Ⓐ拌勻。

酸桔醋拌
水菜和蟹肉棒

[材 料] 1人份

油豆皮½片　水菜少許　蟹肉
棒1條　酸桔醋醬油1小匙

1 油豆皮用烤箱烤1～2分鐘，
切成一口大小。水菜切成3cm
長，蟹肉棒切成一口大小。

2 混合**1**，拌入酸桔醋醬油。

肉捲便當

只要冰箱裡有少量的蔬菜和薄肉片就可以做成肉捲。

無論是根莖類蔬菜，還是青椒、蘆筍、蕈菇，

只要捲起來，就能做出漂亮美觀的便當。

像是用肉捲維也納香腸等等，

有時我也會選擇以肉搭配肉，

把這當作一道分量十足的菜色來吃似乎也完全沒問題。

用牛肉捲起杏鮑菇和彩椒，微波
加熱後放進平底鍋裹上醬汁。杏
鮑菇和彩椒很容易熟，可以在生
的狀態下先捲起來，十分方便。
漂亮的切面也能帶出華麗感。另
外添上水煮綠花椰菜（P88）、水
煮蛋（P86）。

POINT

● 選擇很快就熟的蔬菜、已經加熱過的食材，或是加工食品來捲。

● 微波加熱後再用平底鍋裹上調味料，
　能夠有效節省時間！

● 確認是否連肉捲的內側也完全熟透。

基本作法

肉捲

[材料] 1人份

牛肉薄片　2片
杏鮑菇　1支
彩椒（紅）　¼顆
酒　2小匙
砂糖　1小匙
醬油　1小匙

1 杏鮑菇縱向對切。彩椒切成1cm寬。

2 攤開1片牛肉，將一半的杏鮑菇和彩椒置於靠近自己這一側，牢牢地捲起。依相同方式再做1條。

3 將**2**排入耐熱盤，寬鬆地覆上保鮮膜，以600W的微波爐加熱2分鐘。

4 將**3**放入平底鍋中，加入酒、砂糖、醬油開中小火加熱，使其裹上醬汁直到出現光澤為止。要盛裝時對切。

ARRANGE_1

略偏大人風味

獅子椒豬肉捲

[材料] 1人份

豬肉薄片　4片
獅子椒　4根
酸桔醋醬油　2小匙
味醂　1小匙
蔥白絲（大蔥的蔥白部分切細絲）　少許

1 攤開豬肉，牢牢捲起獅子椒，一共做出4條。

2 將**1**排入耐熱盤，寬鬆地覆上保鮮膜，以600W的微波爐加熱2分鐘。

3 將**2**放入平底鍋中，加入酸桔醋醬油和味醂開中小火加熱，熬煮到確實裹上醬汁。添上蔥白絲。

ARRANGE_2

不同以往的吃法

薑燒豬肉捲

[材料] 1人份

豬肉薄片　4片
四季豆　8支
薑泥　少許
味醂　1大匙
醬油　2小匙

1 四季豆去筋汆燙。

2 攤開2片豬肉，放上4支**1**捲起來。依相同方式再做1條。

3 將**2**排入耐熱盤，寬鬆地覆上保鮮膜，以600W的微波爐加熱2分鐘。

4 將**3**放入平底鍋中，加入薑泥、味醂、醬油，開中火熬煮到湯汁幾乎收乾。要盛裝時對切。

肉捲便當的變化款

01

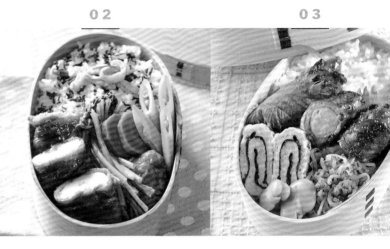

捲紅蘿蔔

用牛肉捲起水煮過的紅蘿蔔，以烤肉醬調味，然後斜切盛裝。配菜是把雞蛋沙拉放進捲起的火腿中，再切一點芥菜擺上去。

02

捲鱈寶

用豬五花肉捲起鱈寶，做成照燒風味。另外，我把菠菜放入薩摩炸魚餅和紅蘿蔔的燉煮料理中稍微煮一下，還準備了水煮甜豆當成配菜。

03

捲維也納香腸

維也納香腸肉捲是番茄醬口味，還有一條是用青紫蘇捲起來。在炒過的蒟蒻絲中拌入肉燥當成配菜，蠶豆則是汆燙去皮，和海苔煎蛋捲（P43）一起裝進去。

07

捲青椒

用豬五花肉捲起紅椒和青椒，以番茄醬來炒。關火後再裹上番茄醬就不會噴濺，只要利用餘熱就能充分入味。配菜是煎蛋捲（P42）、炒維也納香腸。

08

捲獅子椒

只要用豬肉捲起獅子椒（P31），就成了一道深受大人喜愛的便當菜。配菜是用蒜味番茄醬炒茄子、青椒、洋蔥。

09

捲蘆筍

用牛肉捲起蘆筍，微波加熱後用砂糖、醬油、酒做成鹹甜口味。配菜是把水煮南瓜壓成泥做成的沙拉、叉燒肉拌大蔥。

改變肉中所捲的蔬菜、改變肉或是改變調味，可以自由自在地隨意變化！
捲起顏色漂亮的蔬菜時，要把切面展現出來盛裝。

04

捲 四 季 豆

雖然看到豬肉薄片就很想做成薑燒豬肉，不過我覺得把四季豆捲起來似乎也很有趣，於是就做了這道料理（P31）。配菜是烤明太子、涼拌竹輪和茗荷。

05

捲 金 針 菇

在偏厚的豬里肌肉上撒上足量的鹽，捲起金針菇，微波加熱2分鐘。添上檸檬，做成清爽的風味。配菜是蔬菜和番茄醬炒維也納香腸。

06

捲 3 種 蔬 菜

用豬肉捲起茄子、青椒、紅椒，微波加熱後以烤肉醬調味。3種蔬菜的切面非常鮮豔。配菜是燉煮薩摩炸魚餅和芝麻拌四季豆。

10

捲 舞 菇

用豬肉捲起舞菇後，再以平底鍋慢煎，吸收了肉汁的舞菇十分美味。配菜是西洋芹彩椒沙拉、煎蛋捲（P42）。

11

捲 南 瓜

用豬五花肉捲起微波加熱過的南瓜，再次微波加熱到全熟，然後裹上烤肉醬。添上炒菠菜、滑蛋肉燥。

12

捲 蟹 肉 棒 和 維 也 納 香 腸

將2條蟹肉棒並排，用豬肉薄片捲起來。另一條則是捲起維也納香腸，各自對切後放進便當盒。2種都是使用加工食品，所以很快就能完成。

日式炸雞便當

我家最受歡迎的第一名菜色就是日式炸雞。
製作日式炸雞時，我會一次買好大量的雞肉，
然後把晚餐用、隔天早上的便當用、冷凍保存用的份全部炸好。
直接放進便當盒雖然也很有存在感，
不過像是裹上醬汁，或是加上滑蛋做成親子丼，
其實還有許許多多的變化方式，真的是美味又方便的一道菜。

在日式炸雞之間擠上一點美乃滋。如此一來，即使放入4～5塊炸雞，也會因為味道不同而不覺得膩。配菜則是炒竹筍、淺漬小黃瓜和薑絲，以辛辣和清爽的味道組合。

POINT

● 雞肉要切得大小一致，並且確實醃漬入味。

● 麵衣不要裹太厚。
只要加入蛋和麵包粉，即使放久了肉質依舊鬆軟！

● 如果要大量製作，事前的調味簡單點比較方便之後加以變化。

基本作法

日 式 炸 雞

[材料] 方便製作的分量

雞腿肉　2片
醬油　2大匙
芝麻油　2大匙
太白粉　適量
炸油

1 雞肉切成容易入口的大小後放入碗中，加入醬油、芝麻油混勻。等到肉均勻沾附上調味料，就裹上薄薄一層太白粉。

2 以170℃的熱油炸成金黃色。
　★放進冷凍庫可保存約1個月。

只要改變麵衣就會外酥內軟！

鬆 軟 的 日 式 炸 雞

[材料] 方便製作的分量

雞腿肉　3片
Ⓐ 醬油　3大匙
　芝麻油　2大匙
　蒜泥　1小匙

蛋　1顆
水　150ml
Ⓑ 太白粉・低筋麵
　粉・麵包粉
　各3大匙
炸油

1 蛋打散後加入水。加入剩下的Ⓑ攪拌，靜置約20分鐘。

2 雞肉切成容易入口的大小後放入碗中，加入Ⓐ充分攪拌。混勻之後，裹上**1**的麵衣，以170℃的熱油炸成金黃色。
　★放進冷凍庫可保存約1個月。

ARRENGE_1

只要裹上就變成中式風味

日 式 炸 雞 拌 蔥 油

[材料] 1人份

日式炸雞（已炸好）5塊　大蔥2cm　芝麻油1小匙　鹽・胡椒各少許

1 大蔥切末。在容器中放入芝麻油、鹽、胡椒，混入大蔥，然後加入日式炸雞均勻裹上醬料。

ARRENGE_2

超級下飯

美 乃 滋 辣 雞

[材料] 1人份

日式炸雞（已炸好）5塊　彩椒（紅・黃）各⅒顆　Ⓐ《美乃滋2小匙　醬油½小匙　苦椒醬¼小匙　辣油少許　鹽・胡椒各少許》

1 彩椒隨意切成容易入口的大小。放入耐熱容器中，寬鬆地覆上保鮮膜，以600W的微波爐加熱1分鐘。

2 把Ⓐ放進容器中混勻，接著加入日式炸雞和**1**的彩椒均勻裹上醬料。

日 式 炸 雞 便 當 的 變 化 款

01

02

03

做成醃泡風格

混合芝麻油、醋、沾麵醬、水，
加入大蔥、白芝麻，然後將炸好
的雞肉浸泡在醬汁裡，做成醃泡
風格的料理。日式炸雞下方鋪
滿了高麗菜。另外添上煎蛋捲
（P42）。

做成香蒜風味

這是能夠激發食慾的蒜味日式炸
雞。用紅色和黃色的彩椒、青椒
做成3色涼拌菜，西洋芹則是切成
細絲後做成涼拌沙拉。

添上檸檬

我在日式炸雞之間切了小塊的檸
檬片放進去。秋葵是微波加熱後
以酸桔醋醬油調味，再添上水煮
鵪鶉蛋。

07

08

09

使用碎肉

使用豬碎肉做成的炸物。豬肉先
醃漬後輕輕揉圓，裹上薄薄一層
太白粉油炸。肉吃起來酥酥脆脆
的，十分美味。配菜則是煎蛋捲
（P42）、炒高麗菜。

改變麵衣，做出鬆軟口感

只要用加了蛋的麵衣油炸，肉質
就會變得非常鬆軟（P35）。配菜
是以酸桔醋醬油和美乃滋拌竹輪
和茗荷，茄子和彩椒則是用味噌
來炒（P48）。

搭配辣味美乃滋

混合美乃滋、苦椒醬、辣油、醬
油做成醬汁，放入日式炸雞和加
熱過的彩椒拌勻（P35）。添上水
煮菠菜。

可以裹上醬汁改變風味，或是以碎肉來製作，日式炸物也有各種有趣的變化。
便當裡有大量油炸物時，我會以分量充足的蔬菜來做搭配。

04

搭配蔥油

混合芝麻油、大蔥、鹽、胡椒，把醬汁裹在日式炸雞上（P35）。高麗菜和番薯分別以微波爐加熱，高麗菜用鹽昆布涼拌，番薯則是用美乃滋做成沙拉。

05

番茄糖醋醬風味

用番茄糖醋醬裹上水煮紅蘿蔔和日式炸雞。因為口味較重，所以用萵苣和水煮秋葵補充大量蔬菜，並且在萵苣之間擠上一點美乃滋。

06

搭配照燒醬

將日式炸雞裹上照燒醬後，隨意擠上幾條美乃滋。為了方便與炸雞一起享用，我在下面鋪了水菜。添上水煮蛋（P86）。

10

在肉裡混入青紫蘇

將事先醃漬好的豬碎肉和青紫蘇絲混合，輕輕揉圓後油炸。青椒只要慢慢乾煎就會產生甜味。正中央塞入煎蛋捲（P42）。

11

糖醋醬拌雞胸肉

以雞胸肉製作的日式炸雞。在使用蠔油和番茄醬做成的糖醋醬中加入黑白芝麻，和炸雞拌勻。配菜是炒蛋、豆芽菜炒青椒。

12

和蔬菜一起做成滑蛋料理

將1～2塊炸雞對切，和水煮綠花椰菜（P88）、水煮蘆筍一起做成滑蛋料理。接著再放入常備的炒牛蒡絲（P82）就完成了。

37

漢堡排便當

漢堡排是無論大人小孩都喜愛的人氣菜色。

考慮到要用來帶便當，我會一次購買大量的絞肉，

然後當天就做出許多漢堡排備用。

有一次我在寒冷的冬天吃到漢堡排便當，結果被硬梆梆的肉質嚇了一大跳！

自從知道氣溫太低會讓肉變硬之後，

冬天我就會多加入一些肉以外的材料來讓口感維持軟嫩。

裹上大量醬汁充分入味的漢堡排。只要用漢堡排醬汁裹上蕈菇和蔬菜，就會有一種多了一道菜的划算感。配菜是經典的糖煮紅蘿蔔和通心粉沙拉。

POINT

● 帶便當用的漢堡排要做成稍微偏軟的肉餡。

● 為方便食用，形狀要盡量捏塑得比較薄。

● 確實加熱，確認有煎出透明肉汁且具有彈性。

基本作法

漢堡排

[材料] 方便製作的分量

混合絞肉500g　洋蔥½顆　蛋1顆　《麵包粉1杯　牛奶200ml》　鹽・胡椒各少許　沙拉油1小匙

1 混合牛奶和麵包粉，使其充分融合。

2 洋蔥切末後放入耐熱容器，加入沙拉油混合。寬鬆地覆上保鮮膜，以600W的微波爐加熱2分鐘，之後取下保鮮膜大致放涼。

3 將絞肉放入碗中，撒上鹽、胡椒，加入蛋攪拌均勻，接著加入**1**和**2**繼續混勻。

4 在平底鍋中倒入少許沙拉油（分量外）潤鍋，將**3**捏塑成橢圓形排列在鍋中，以中火煎成金黃色後翻面。蓋上鍋蓋以小火燜煎，待出現透明肉汁便關火。

★放進冷凍庫可保存約1個月。

蕈菇醬

[材料] 漢堡排1塊份

鴻喜菇10g　番茄醬1大匙　中濃醬1小匙　酒1大匙　沙拉油少許

1 鴻喜菇剝散，放入熱好沙拉油的小平底鍋，以中火拌炒。

2 轉小火，加入番茄醬、中濃醬、酒混合，然後放入煎好的漢堡排，均勻裹上醬汁。

ARRANGE_1

豆腐漢堡排

[材料] 方便製作的分量

混合絞肉300g　嫩豆腐½塊（120g）　蛋1顆　鹽・胡椒各少許　沙拉油少許

1 豆腐用打蛋器攪散。

2 將絞肉放入碗中，撒上鹽、胡椒，加入蛋攪拌均勻，接著加入**1**繼續混勻。

3 在平底鍋中倒入沙拉油潤鍋，將**2**捏塑成橢圓形排列在鍋中，以中火煎成金黃色後翻面。蓋上鍋蓋以小火燜煎，待出現透明肉汁便關火。

★放進冷凍庫可保存約1個月。

ARRANGE_2

茄子漢堡排

[材料] 方便製作的分量

混合絞肉300g　茄子1條　蛋1顆　鹽・胡椒各少許　沙拉油適量

1 茄子切成1.5cm見方的骰子狀。在平底鍋中加熱少許沙拉油，以小火將茄子炒熟後大致放涼。

2 將絞肉放入碗中，撒上鹽、胡椒，加入蛋攪拌均勻，接著加入**1**整個混合均勻。

3 在平底鍋中倒入少許沙拉油潤鍋，將**2**捏塑成橢圓形排列在鍋中，以中火煎成金黃色後翻面。蓋上鍋蓋以小火燜煎，待出現透明肉汁便關火。

★放進冷凍庫可保存約1個月。

漢 堡 排 便 當 的 變 化 款

01

搭配蕈菇醬

裹上醬汁（P39）的漢堡排。義大利麵是和用削皮器削成薄片的紅蘿蔔一起炒。美乃滋擠在水煮甜豆下方。

02

擺上起司

混合番茄醬和中濃醬，淋在前一天移到冷藏庫解凍的漢堡排上，微波加熱2分鐘，最後擺上起司片。配菜是涼拌高麗菜和蕈菇。

03

在絞肉中加入茄子

茄子漢堡排（P39）。在煮水煮蛋（P86）的同時，用味醂和醬油做甘煮紅蘿蔔。水煮蛋切成大塊，和毛豆一起做成沙拉。

07

蓮藕漢堡排

將蓮藕丁和蓮藕泥混進肉餡中，並且在外側貼上蓮藕切片。爽脆&鬆軟的口感非常迷人。另外添上海苔煎蛋捲（P43）等配菜。

08

燉煮漢堡排

燉煮漢堡排在解凍時會更容易入味，所以建議可以事先做好大量冷凍備用。配菜是肉燥蓮藕和水煮蘆筍。

09

搭配彩椒醬

為了變換風味，我嘗試在漢堡排醬汁中加入切成薄片的彩椒。彩椒是先炒過後再加進醬汁裡。佐上鮪魚通心粉沙拉。

變換醬汁的口味，或是放上荷包蛋、起司，
稍微花點心思就能創造出更多樣化的菜色。
只要在肉餡中混入茄子、豆芽菜、高麗菜等蔬菜，就會變成截然不同的風味。

04

加入大量高麗菜

漢堡排裡加的不是洋蔥，而是混入大量生的高麗菜絲。配菜是炒蕈菇、水煮甜豆和蘆筍。

05

豆腐讓肉質更鬆軟

豆腐漢堡排（P39）即便不使用麵包粉和牛奶也能完成，而且口感蓬鬆柔軟，十分美味。配菜是炒油菜花、油拌高麗菜。

06

放上荷包蛋

放上荷包蛋，做成夏威夷米飯漢堡的風格。由於便當菜色不能是半熟的，因此我把荷包蛋煎到全熟。只要再添上拿坡里番茄義大利麵，就會變得像兒童套餐一樣。

10

裹上番茄醬汁

使用大量番茄做成新鮮的番茄醬汁，然後加入漢堡排燉煮一會。茄子和青椒是以味醂和醬油拌炒成一道菜。

11

利用豆芽菜增添分量感

直接將大量生的豆芽菜混進肉餡中，增添分量感。因為是做成照燒口味，所以吃起來就像醬燒肉丸。用芝麻油炒空心菜，再添上水煮蛋（P86）。

12

使用豆漿和豆渣

以豆漿和豆渣取代牛奶和麵包粉加進漢堡排中，再加入洋蔥來增添甜味和滑順感。搭配酸桔醋醬油拌小黃瓜和魷魚絲、炒蕈菇。

41

煎 蛋 捲 便 當

我的家人總是說，便當菜色中他們最喜歡的是「煎蛋捲」。

雖然自己說這種話有點厚臉皮，不過我的手藝確實有了相當大的進步。

只要菜色裡有煎蛋捲，即便只是搭配簡單的配菜，

便當也會莫名顯得格外豐盛。

在蛋中混入紅色或綠色蔬菜，或是將海苔捲起來等等，

只要加一些變化，煎蛋捲的外觀也會變得更加迷人。

便當裡有常備的滷羊栖
菜（P85）、炒維也納
香腸、水煮綠花椰菜
（P88）以及最經典
的煎蛋捲。儘管都是些
平凡的菜色，不過有了
煎蛋捲這位主角，就會
變成帶給人安心感的日
式便當。

POINT

- 手只要迅速攪拌蛋，就能做出冷了依舊柔軟的煎蛋捲。
- 不是分好幾次倒入蛋液，
  而是一次全部倒入再捲起來的歐姆蛋（奄列）式作法。
- 利用餘溫使其完全熟透，確認是否確實產生彈性。

基本作法

煎蛋捲

[材料] 方便製作的分量

蛋2顆　味醂2小匙　醬油（或是沾麵醬）少許　沙拉油少許

將蛋打入碗中打散，混入味醂和醬油。在煎蛋捲用的平底鍋中倒入沙拉油潤鍋加熱，然後用筷子滴入少許蛋液確認鍋子是否已經夠熱（蛋液濺起就表示OK）。一次倒入所有蛋液。

用筷子大動作地來回攪拌，讓整體厚度一致。沒熟的部分要用筷子去戳使其變熟。

等到大約8分熟就轉小火，從後面捲到約⅓的位置。

依照 **4** 的作法再捲2次。

捲好後翻面並關火。靜置到大致冷卻，利用餘溫使其完全熟透。只要感覺有彈性就表示OK了。

ARRANGE_1

增添迷人香氣

櫻花蝦煎蛋捲

[材料] 方便製作的分量

蛋2顆　味醂2小匙　醬油（或是沾麵醬）少許　櫻花蝦10g　沙拉油少許

1 將蛋打入碗中打散，加入味醂、醬油和櫻花蝦攪拌均勻。煎蛋捲的方法與上述相同。

ARRANGE_2

做成漂亮的漩渦狀

海苔煎蛋捲

[材料] 方便製作的分量

蛋2顆　味醂2小匙　醬油（或是沾麵醬）少許　海苔（整片）1片　沙拉油少許

將海苔裁得比平底鍋略小。

依照上述的步驟 **1**～**3** 製作，等到大約8分熟就轉小火，放上海苔。

依照上述的步驟 **4**～**6** 製作。

★由於冷卻後水分會轉移到海苔上，使海苔軟化，所以要趁熱切開。

煎 蛋 捲 便 當 的 變 化 款

01

02

03

捲海苔

把海苔捲起來的煎蛋捲（P43）是最近出場率極高的菜色。可愛的「の」字形成為整個便當中最醒目的菜色。配菜是炒牛蒡絲（P82）、菠菜炒培根。

捲青紫蘇

這是把青紫蘇捲起來的煎蛋捲。作法和海苔煎蛋捲（P43）一樣，只要在捲起蛋之前鋪上整面的青紫蘇即可。其他的配菜是照燒雞肉、炒青江菜。

捲竹輪

試著把竹輪放在蛋上面捲起來的創意煎蛋捲。感覺也可以在竹輪的洞裡塞些什麼食材呢。配菜則是麻婆茄子青椒、水煮綠花椰菜（P88）。

07

08

09

混入小蔥

將切成細末的小蔥混進蛋液中，做成煎蛋捲。蔥的風味能夠促進食慾，翠綠的色澤也很亮眼。添上豆腐炒雞絞肉、竹筍拌辣油。

做成高湯煎蛋捲

加入大量高湯做成的高湯煎蛋捲風味奢華。熬完高湯剩下的柴魚片可以做成佃煮料理。配菜是肉醬拌維也納香腸和綠花椰菜，以及芝麻油拌白菜。

混入櫻花蝦

將大量的櫻花蝦混進蛋液中，做成帶有美麗櫻花粉色的煎蛋捲（P43）。再搭配上滷牛肉（P16）、蔬菜炒蕈菇、馬鈴薯水菜沙拉，讓便當變得五彩繽紛。

只要把多餘的蔬菜、剩菜等等當成餡料加進蛋液中，
即可為煎蛋捲的風味、色彩增添變化。
將各種食材放在煎到8分熟的蛋上面一起捲起來，切面同樣令人期待！

04

捲魚肉香腸

把魚肉香腸捲起來的歐姆蛋風格煎蛋捲。這天因為家裡沒有肉和加工肉品，我只好出此下策，沒想到孩子很喜歡這道料理。添上奶油焗菜、微波蒸熟的高麗菜。

05

捲蟹肉棒

捲起蟹肉棒的煎蛋捲。如果要捲起來的食材比較細小，只要讓蛋液薄薄地延展開來邊滾動邊捲，任誰都能成功。添上炒牛蒡絲等配菜。

06

捲菠菜

把水煮菠菜捲起來。形狀之所以是圓形，是因為我配合菠菜的形狀邊滾動邊捲的關係。配菜是日式炸雞、維也納香腸和起司的炸餃子。

10

混入炒羊栖菜

因為用芝麻油、醬油、砂糖炒出來的羊栖菜有剩，所以我把它混進蛋液中做成煎蛋捲。配菜是維也納香腸、水煮綠花椰菜（P88）、烤明太子。

11

混入豌豆仁

將冷凍豌豆仁混進蛋液中。圓點圖案非常可愛，存在感一點也不比漢堡排遜色。感覺應該連年幼的孩子也會喜歡。配菜是新洋蔥炒青椒。

12

培根捲煎蛋

用培根將煎蛋捲捲起來。在切開煎蛋捲之前捲上培根，用平底鍋稍微煎一下，培根的鮮味就會轉移到蛋裡面，非常美味。配菜是小松菜炒竹輪。

曲木便當盒

曲木便當盒的特色在於會吸收水分，不僅會讓人覺得米飯變得更好吃，也能夠不等料理冷卻就裝進便當盒裡，相當有吸引力。我慢慢收集了一段時間，等注意到時，我家已經有將近20個曲木便當盒了。像是橢圓形、圓形等等，除了形狀、大小、產地不同之外，有些曲木便當盒還會有細微的縫隙，讓人充分感受到工匠親手製作的獨特性。由於曲木便當盒需要時間乾燥，因此我不會連續2天使用同一個便當盒，而會依照當天的心情來選用不同的便當盒。

剛開始使用新的曲木便當盒時，我會把便當盒浸在熱水中30分鐘～1小時左右，去除雜質。裝入料理之前只要用水洗過，油脂就不會滲進便當盒裡。邊緣部分容易堆積污垢，進而產生黑點，所以我會鋪上分隔杯，把料理裝在分隔杯裡面（P93）。清洗曲木便當盒時我不會使用清潔劑，而是以溫水洗淨，並確實使其乾燥。一旦習慣了，就會發現使用起來一點都不難，反而會覺得愈用愈有味道呢。曲木便當盒的好處多多，今後我想繼續長久使用下去。

從左上開始往順時鐘方向依序為特殊的栗子造型、偏細窄的橢圓形、色調沉穩的拭漆便當盒、最方便使用的橢圓形、氣氛穩重的塗漆檜木便當盒、容量大有深度的圓形便當盒。

清洗後擦乾水分，放在通風良好處晾乾。只要讓便當盒朝向外側立在篩子裡，就能讓每一面都徹底乾燥。

PART 2

沒 點 子 時 這 樣 做 就 對 了 !

不 同 素 材 的 便 當 變 化

持續做了多年的便當,我開始慢慢摸索出「這個食材先買著,之後會用到」、「沒有想法時,這樣煮可以勉強過關」等等屬於我自己的規則。本章節將依照肉、魚、蔬菜等不同的食材類型,分別介紹我常做的菜色與烹調方式,以及當食材不夠或時間不夠時能夠派上用場的便當製作小祕訣。

和什麼都對味！味噌炒肉

冰箱裡只有少量可以作為主菜的肉類，
或是只有培根和維也納香腸……
若是遇上這樣的日子，就和茄子、洋蔥等剩餘蔬菜
一起放進平底鍋，做成味噌炒肉吧！
味噌的香氣能夠激發食慾，做出十分下飯的便當。
有時我也會只用蔬菜來製作，家人的接受度一樣很高。

我大多會使用茄子、青椒來和味噌拌炒。由於味噌炒肉的味道基本上已經很濃郁了，所以我都會以簡單的炒紅蘿蔔絲、微波加熱的青江菜當作配菜。

基 本 作 法

味 噌 炒 肉

[材 料] **1人份**

碎豬肉片　20g	味噌　2小匙
茄子　½條	Ⓐ 味醂　1大匙
青椒　½顆	醬油　少許
	沙拉油　少許

1 豬肉切成容易入口的大小，茄子和青椒隨意切塊。

2 在平底鍋中加熱沙拉油，放入豬肉以中火翻炒。

3 待肉熟了，再加入茄子和青椒一起炒，然後加入Ⓐ，使整體裹上醬汁直到出現光澤為止。

VARIATION

0 1　　　　　　　**0 2**　　　　　　　**0 3**

搭 配 培 根 和 蔬 菜

我也經常使用培根等加工品來做味噌炒肉。這天我是用茄子、雙色彩椒一起炒。配菜是用自製高湯香鬆（P85）拌水煮菠菜和水煮秋葵。

大 量 的 高 麗 菜

加入豬肉和大量春季高麗菜的味噌炒肉。春季高麗菜的口感柔軟又香甜，是我十分推薦的食材。配菜是水煮綠花椰菜（P88）、醋漬細紫蘿蔔。

搭 配 加 熱 過 的 四 季 豆

將微波加熱過的四季豆，和味噌炒豬肉拌在一起。趁熱拌會非常入味好吃。配菜是迷你漢堡排，以油豆皮捲起浸煮小松菜和蟹肉棒後用烤箱烘烤的料理。

隔夜剩菜再利用！炸肉排便當

假如前一晚的菜色是炸豬排或炸雞排，

我一定會多炸一片當成便當菜。

這麼一來就不必擔心隔天的便當，心情上也會輕鬆許多。

放進便當時，我不會特別加工，就只是淋上醬汁或加上滑蛋而已。

儘管如此，只要有炸肉排就會覺得相當豪華、令人開心，

負責下廚的我也會相當得意。

將醬汁倒入盤中，放上炸肉排，只讓下面沾滿醬汁。接著切成容易入口的大小，擺在雙層海苔（P71）的飯上。再添上雞蛋沙拉和小番茄、高麗菜絲，就成了令人心滿意足的炸肉排便當。

炸 豬 排

[材 料] 方便製作的分量

炸豬排用的豬里肌肉　4片
鹽・胡椒　各少許
蛋　1顆
低筋麵粉・麵包粉　各適量
炸油

1 在豬肉上撒鹽、胡椒。將蛋放入淺盤中打散,分別將低筋麵粉、麵包粉也鋪在不同的淺盤中。

2 讓豬肉裹上低筋麵粉,抖落多餘的粉。沾裹蛋液,接著讓整體裹上麵包粉,再抖落多餘的麵包粉。

3 以170℃的熱油炸成金黃色。

★放進冷藏庫可保存1天,放進冷凍庫可保存約1個月。

VARIATION

01　　　　　**02**　　　　　**03**

使用雞肉做成炸雞排便當

把炸雞排放在飯上,淋上醬汁。只要添上日式黃芥末,就能享受口味上的變化。配菜是水煮綠花椰菜(P88)。在高麗菜絲中加入紫高麗菜營造色彩繽紛的感覺。

將碎豬肉片做成炸肉排

把碎豬肉片放進保存袋,從袋子外薄薄地擀開,然後裹上麵衣做成炸肉排(下述)。柔軟的口感又是另一種不一樣的美味。添上炒小松菜、喜歡的綠色蔬菜。

加上蛋液做成「滑蛋肉排」

在小平底鍋中放入少許鴻喜菇、炸肉排、沾麵醬煮一會,之後用1顆蛋打成蛋液繞圈淋上去。下面是大量的炒高麗菜。也能吃到分量充足的蔬菜。

碎豬肉片炸肉排的材料(方便製作的分量)和作法

將碎豬肉片50g放進保存袋中擀平,然後剪開袋子取出。調整形狀,撒上鹽和胡椒各少許。混合蛋1顆、水1大匙、低筋麵粉2大匙做成麵衣,讓肉均勻裹上,再沾取適量的麵包粉。在平底鍋中倒入高約1cm的油,加熱至170℃,以半煎炸的方式讓兩面呈現金黃色即可起鍋。

太可靠了！培根、火腿、維也納香腸

RECIPE
23

培根蘆筍捲用微波爐製作比用平底鍋煎更簡單，而且因為培根的鮮味會滲入蘆筍中，所以即使冷了依舊美味。配菜是香捲、水煮蛋（P86）、番茄醬炒香菇和綠花椰菜。

培根、火腿、維也納香腸
堪稱是冰箱裡必備的食材。
只要用培根捲起金針菇、蘆筍等蔬菜，
就完成1道存在感十足的主菜！
在厚切火腿外包上蛋皮，
或是將維也納香腸和蔬菜一起拌炒，
即使沒有肉，只要下點工夫
就能做出分量充足的料理。

培根蘆筍捲

[材料]　1人份

綠蘆筍　2支
培根　2片

1　蘆筍對切成一半的長度，用1片培根捲起2支後以牙籤固定。依相同方式再做1捲。

2　放入耐熱容器中寬鬆地覆上保鮮膜，以600W的微波爐加熱1分30秒。切成容易入口的大小，取下牙籤。

VARIATION

將培根切得比較大塊，藉此提升肉的口感。配菜是番薯杏仁沙拉、煎蛋捲（P42）。

培根炒菠菜

RECIPE
24

[材料]　1人份

培根2片　菠菜1支　青椒¼顆
鹽・胡椒各少許　沙拉油少許

1　培根切成3㎝寬，菠菜切成4㎝長。青椒切成細條狀。

2　在平底鍋中加熱沙拉油，以中火將培根稍微炒一下。

3　加入菠菜和青椒，撒上鹽、胡椒，炒到整體熟了為止。

52

只是用蛋皮包住火腿，就能讓分量感大增。因為火腿本身已經很夠味，所以不需要另外調味。配上維也納香腸、肉醬筆管麵（長通粉）、水煮綠花椰菜（P88）。

維也納香腸不僅可以直接使用，切成細條狀後外觀和口感也會隨之改變。我用維也納香腸和青椒，試著做出風格不同以往的青椒炒肉絲。

RECIPE
25

RECIPE
26

蛋皮火腿切片

[材 料] 1人份

火腿（厚切）　1片
蛋　1顆
沙拉油　少許

1　將蛋打入碗中打散。

2　在平底鍋中加熱沙拉油，轉中火，把一半的蛋液倒入靠近自己的半邊鍋子。將蛋液延展成比火腿大上一圈後放上火腿，讓蛋貼在火腿的側面上包起來。

3　將剩餘蛋液倒入平底鍋的另一側，延展成相同大小，然後將**2**的火腿翻面放上去。

4　調整形狀讓蛋包住火腿，等到蛋皮熟了便取出，切成容易入口的大小。

青椒肉絲風格的
炒維也納香腸

[材 料] 1人份

維也納香腸　2條　　醬油麴（市售品）
青椒　1顆　　　　　　少許
鹽·胡椒　各少許　　芝麻油　少許
蠔油　½小匙

1　維也納香腸縱向對切，再切成細條狀。青椒切成細條狀。

2　在平底鍋中加熱芝麻油，以中火炒**1**，並撒上鹽、胡椒。

3　加入蠔油和醬油麴充分拌炒，使其入味。

VARIATION

大膽地放上煎好的厚切火腿。用平底鍋煎水煮南瓜，並以烤肉醬調味。搭配燉煮蒟蒻、炸豆腐餅、四季豆。

VARIATION

將切片的法蘭克福香腸炒過，當成主菜。在香腸之間擠上美乃滋和番茄醬，再配上芝麻拌四季豆、煎蛋捲（P42）。

便當的經典菜色！烤鮭魚

說起經典的魚料理，當然少不了烤鮭魚。
無論如何，只要讓鮭魚坐鎮在便當盒正中央，
就會生出一種華麗感，完美的日式風情便當就誕生了。
當天煎也可以，不過前一天先煎好放進冰箱備用會更方便。
除了直接放進便當盒，還可以把魚肉弄散放在飯上，
為便當增添繽紛色彩。

在飯上鋪青紫蘇，再
放上烤鮭魚。配菜是
番茄醬炒油菜花和甘
煮紅蘿蔔、海苔煎蛋
捲（P43）、花枝小魚
乾、醃薑片、小番茄。

基 本 作 法

烤 鮭 魚

[材 料] 1人份

鹽漬鮭魚　1片

1　以烤魚網烤鹽漬鮭魚，大致放涼後切成適合放進便當盒的大小。待
　　完全冷卻再盛裝。

VARIATION

01　　　　　　　02　　　　　　　03

以 鹽 麴 醃 漬 ， 做 成 青 紫 蘇 捲

以鹽麴醃漬生鮭魚，提升鮮味。
用青紫蘇捲起來，增添清爽的風
味（下述）。配菜是番茄醬糖醋
肉丸、涼拌高麗菜（P28）。

以 醬 油 醃 漬 ， 撒 上 芝 麻

其實光是用醬油醃漬生鮭魚就很
好吃了，不過我又增加了芝麻的
風味，讓這道料理變得更加下飯
（下述）。添上炒維也納香腸、
水煮菠菜。

弄 散 烤 鮭 魚

在飯上撒海苔，再放上弄散成較
大片的烤鮭魚。配菜是加了滷羊
栖菜（P85）的日式馬鈴薯泥沙
拉、櫻花蝦煎蛋捲（P42）、水煮
甜豆。

鹽麴鮭魚青紫蘇捲的
材料（1人份）和作法

將1片生鮭魚和1大匙鹽麴放入保存袋中，輕
輕揉搓讓整體均勻混合，然後放進冰箱冷藏1
晚。抖落多餘的鹽麴，用烤魚網烤，大致放涼
後切成適合放進便當盒的大小。待完全冷卻，
再用青紫蘇捲起來盛裝。

醬油鮭魚的
材料（1人份）和作法

將1片生鮭魚和2小匙醬油放入保存袋中，輕
輕揉搓讓整體均勻混合，然後放進冰箱冷藏
1晚。從袋中取出，在表面撒上適量的炒芝麻
（白），用烤魚網烤。待完全冷卻後，再切成
適合放進便當盒的大小。

意外地好用！魚乾

在便當裡放魚乾！這樣的組合或許令人吃驚，
不過魚乾確實是很下飯的優秀菜色。
我之所以會製作魚乾便當，靈感是來自去伊豆旅行時在歸途買的火車便當。
當時的便當裡裝了竹筴魚乾、三角飯糰和醃漬菜，
那充滿旅遊風情和日式風格的組合，滋味令人難以忘懷。
由於我認為便當很重要的一點是食用方便性，
因此會特別留意魚乾要選用骨頭較少的部分。

在我家，竹筴魚乾的受歡迎程度和鹽烤鮭魚不相上下。我一般會挑選購買小型的魚乾，如果魚乾的體積較大，我就會使用沒有骨頭的那半邊。光是這道菜就很下飯了，所以只要搭配煎蛋捲（P42）、水煮蘆筍之類簡單的配菜便足夠了。

基本作法

竹筴魚乾

[材料] 方便製作的分量

竹筴魚乾　1小片

1 　用烤魚網烤竹筴魚乾，大致放涼。切掉頭部，再切成適合放進便當盒的大小。待完全冷卻再盛裝。

VARIATION

01	02	03

厚切花魚便當

這天使用了花魚的魚乾。由於花魚的尺寸基本上都很大，因此我將無骨的半邊魚肉去尾，放進便當裡。花魚的魚肉厚實，分量感十足，吃起來很有滿足感。配菜是蔬菜炒肉、煎蛋捲（P42）。

油脂豐厚的鯖魚便當

因為鯖魚的油脂豐厚，所以冷卻後最好用紙巾稍微拭去多餘的油脂。將皮的部分烤得焦香酥脆，是這道菜的美味重點。配菜是味噌炒茄子和紅蘿蔔（P48）、魚肉香腸、水煮南瓜和番薯。

骨頭也能吃的秋刀魚便當

秋刀魚乾的骨頭比較容易食用，做成烤魚後也有很多可以吃的小刺部分。因此，我試著將秋刀魚乾裹上低筋麵粉，下鍋油炸成金黃色，如此一來就連小刺也能吃下肚。配菜是薩摩炸魚餅、燉煮蓮藕。

也能成為主角！鱈寶、竹輪

鱈寶、竹輪這類魚漿食品
味道鮮美，
只要下鍋油炸，
就能變身成為一道主菜。
竹輪不管是做成沙拉、涼拌菜，
還是拌炒料理都很適合，
因此也經常出現在配菜中。
鱈寶只要切成容易入口的大小，
再用海苔或青紫蘇捲起來，
就成了外觀和分量感都令人滿足的便當。

RECIPE
29

鱈寶夾起司是常見的油炸料理，不過沒時間的時候只要用微波爐就簡單多了。配菜是烤鮭魚、四季豆肉燥（P24）。

鱈寶夾起司

[材料]　1人份

鱈寶　1片
起司片　1片

1　鱈寶切成一半的厚度，在中間夾入起司片。

2　放入耐熱容器中寬鬆地覆上保鮮膜，以600W的微波爐加熱1分鐘。大致放涼，切成容易入口的大小。

VARIATION

鱈寶煎成較深的金黃色後，不僅充滿香氣又帶有些許甜味，再用青紫蘇包起來的話，清爽的滋味讓人不管幾個都吃得下。配菜是番茄醬炒青椒和金針菇、炒維也納香腸。

鱈寶青紫蘇捲

RECIPE
30

[材料]　1人份

鱈寶½片　青紫蘇2片　沙拉油少許

1　在平底鍋中加熱沙拉油，以中火將鱈寶的兩面都煎成金黃色。冷卻之後切成容易入口的大小。

2　配合鱈寶的形狀裁切青紫蘇，然後捲起來。

竹輪天婦羅蓋飯

[材料] 1人份

竹輪天婦羅（下述）　　水　3大匙
　　1又½條　　　　　　海苔　適量
沾麵醬（免稀釋型）　　飯　1人份
　　60ml

1 竹輪天婦羅縱向對切，一共準備3條。

2 在小平底鍋中倒入沾麵醬和水煮滾，然後放入**1**煮一會。翻面煮到整個都入味之後就關火。

3 將飯盛入便當盒，撒上切碎的海苔，最後擺上瀝乾湯汁的**2**。

晚餐有做炸天婦羅的日子，只要多炸一點竹輪備用會方便許多。竹輪就算冷了也好吃，而且不易變形，所以很適合做成蓋飯。由於竹輪的麵衣會吸收滷汁，因此擺在撒了海苔的飯上，能夠在食用之前一直保持美味的狀態。配菜是苦椒醬拌魷魚絲和小黃瓜、水煮油菜花、小番茄。

RECIPE 31

RECIPE 32

柴魚醬油拌竹輪

[材料] 1人份

竹輪　½條
柴魚片　少許
美乃滋　1小匙
醬油　少許

1 竹輪切成薄圓片，放入碗中。加入柴魚片混合，接著拌入美乃滋和醬油。

想要多增加一道菜時，如果冰箱裡有竹輪，我通常都會做成涼拌菜。配菜是肉燥煎蛋捲（P42）、芝麻拌四季豆（P28）。

不知如何調味時，

就用番茄醬或砂糖醬油

> 番茄醬

番茄醬恰到好處的甜味和酸味和任何食材都很搭。

RECIPE 33

番茄醬炒豬肉

加入一點蠔油
更能提升風味。
肉不論用雞肉、牛肉、
維也納香腸都OK。

[材料] 1人份

碎豬肉片　50g
洋蔥　⅙顆
鹽・胡椒　各少許
番茄醬　2小匙
蠔油　少許
沙拉油　少許

1 洋蔥切成1cm寬。

2 在平底鍋中加熱沙拉油，放入洋蔥和豬肉以中火翻炒，並撒上鹽、胡椒。

3 加入番茄醬炒一下，再加入蠔油拌炒均勻。

RECIPE 34

番茄醬
炒煎豬肉

將晚餐的煎豬肉
留一點起來重新利用。
用日式炸雞、火腿、
維也納香腸來製作也很美味。

[材料] 1人份

煎豬肉　½片
茄子　⅓條
彩椒（紅）　¼顆
番茄醬　2小匙
沙拉油　少許

1 煎豬肉切成容易入口的大小。茄子和彩椒隨意切塊。

2 在平底鍋中加熱沙拉油，放入**1**以中火翻炒。

3 加入番茄醬稍微拌炒均勻。

RECIPE 35

糖醋龍田炸牛肉

以日式炸雞來取代
龍田炸牛肉也很對味。

[材料] 1人份

龍田炸牛肉　3塊
洋蔥　⅛顆
青椒　¼顆
維也納香腸　1條
　醋　½小匙
Ⓐ 砂糖　1小匙
　番茄醬　2小匙
沙拉油　少許

1 洋蔥、青椒、維也納香腸隨意切塊。

2 在平底鍋中加熱沙拉油，放入**1**和龍田炸牛肉，以中火翻炒。

3 熟了之後加入Ⓐ，將整體拌炒均勻。

不知如何調味的時候，只要使用番茄醬或砂糖醬油就絕對不會出錯。
如此就能夠做出冷了依舊美味、非常適合帶便當的料理。

┌─────────────┐
│ 砂糖醬油 │　砂糖和醬油的鹹甜滋味十分下飯。
└─────────────┘

RECIPE
36

**砂糖醬油
炒牛肉**

迅速以砂糖醬油
為碎肉片調味。
也很推薦放在飯上面
一起享用。

[材料] 1人份

碎牛肉片　50g
砂糖　1小匙
醬油　1又½小匙
沙拉油　少許

1 在平底鍋中加熱沙拉油，放
　　入牛肉以中火翻炒。

2 在肉完全變色之前加入砂糖
　　拌炒。

3 等到肉幾乎熟了就加入醬油
　　快速翻炒，炒到收汁後即可
　　關火。

RECIPE
37

**砂糖醬油
炒豬五花肉**

先將豬五花肉炒到焦脆，
再裹上砂糖、醬油。

[材料] 1人份

豬五花肉薄片　40g
彩椒（紅）　½顆
砂糖　1小匙
醬油　1小匙
炒芝麻（白）　少許
芝麻油　少許

1 將紅椒切成1cm寬，豬肉切成
　　4cm長。

2 在平底鍋中加熱芝麻油，以
　　中火炒豬肉，熟了之後加入
　　紅椒。

3 加入砂糖、醬油拌炒，待出
　　現光澤就加入芝麻並關火。

RECIPE
38

**砂糖醬油
煮牛肉和舞菇**

只要把材料放進耐熱容器
微波加熱即可。
改用豬肉也非常美味。

[材料] 1人份

碎牛肉片　30g
舞菇　15g
醬油　1又½小匙
砂糖　1小匙

1 舞菇剝散成容易入口的大
　　小。將所有材料放進耐熱容
　　器攪拌均勻，寬鬆地覆上保
　　鮮膜，以600W的微波爐加熱
　　2分鐘。

2 取下保鮮膜整個攪拌一下，
　　繼續加熱1分鐘。確認肉熟了
　　之後再攪拌一下，讓整體味
　　道均勻。

美味日式便當

61

VEGETABLES ▸ | 蔬菜 |

瞬間變得色彩繽紛！青椒、彩椒

即使沒有預計要使用，只要去買東西，
我一定都會買一些青椒和彩椒回家。
有了紅色、綠色的點綴，便當一下子就會變得華麗起來，
而且青椒和彩椒富含維生素，爽脆的口感也能增添變化。
無論是拌芝麻、用炒的還是做成涼拌菜，任何料理方式都適用，
是能夠讓便當看起來變美味的重要配角。

RECIPE

39

青椒肉絲風格的
青椒炒火腿

[材料]　1人份

火腿（厚切）　1片
青椒・紅椒　各½顆
鹽・胡椒　各少許
蠔油　⅓小匙
醬油　少許
芝麻油　少許

1　火腿、青椒、紅椒分別切成細條狀。

2　在平底鍋中加熱芝麻油，以中火拌炒
　　1。

3　待整體熟了就撒上鹽、胡椒，並加入
　　蠔油、醬油，讓整體均勻裹上醬汁。

將青椒和火腿切成細條狀，做成青椒炒肉絲風
格的料理。使用紅椒讓色彩更加繽紛。配菜是
煎蛋捲（P42）。雖然只有2道菜，但只要添上
佃煮昆布就能平衡整體的外觀和味道。

繽紛涼拌菜

[材料] 1人份

彩椒（紅・黃）各⅛顆　鹽・胡椒各少許　芝麻油1小匙

1 彩椒切成薄片，放入耐熱容器中寬鬆地覆上保鮮膜，以600W的微波爐加熱1分鐘。

2 瀝乾多餘水分，趁熱撒上鹽、胡椒，用芝麻油拌勻，靜置冷卻。

之前不知道要用什麼菜搭配肉燥（P24）時，我做了這道涼拌彩椒。2種顏色的彩椒讓便當頓時變得非常華麗。另外以水煮甜豆和菠菜增添綠意。

RECIPE 40

不同素材的便當變化

▼
一蔬菜

小魚乾青椒炒蛋

[材料] 1人份

青椒½顆　小魚乾1大匙　蛋1顆　鹽・胡椒各少許
沙拉油少許

1 青椒隨意切塊，蛋打散成蛋液。

2 在小平底鍋中加熱沙拉油，以中火炒青椒。熟了之後加入小魚乾，撒上鹽、胡椒繼續炒。

3 加入蛋快速拌炒，將蛋裹上食材直到炒熟。

希望便當裡有綠色料理時，如果手邊有青椒就能立刻派上用場。時間比較充裕的日子，我會把青椒和蛋、小魚乾等冰箱裡現有的食材一起炒。配菜是筑前煮、炒維也納香腸。

RECIPE 41

橄欖油炒青椒和彩椒

[材料] 1人份

青椒½顆　彩椒（紅）⅛顆　鹽・胡椒各少許　橄欖油
少許

1 青椒和彩椒切成細條狀。

2 在平底鍋中加熱橄欖油，以中火炒**1**。撒上鹽、胡椒，加熱到還保有些許口感的程度。

如果覺得配菜的顏色不夠鮮豔，只要把青椒和彩椒切絲用橄欖油炒，就成了一道滋味清甜、風味絕佳的料理。搭配蛋皮火腿切片（P53）、酸桔醋醬油拌竹輪和茗荷。

RECIPE 42

還 少 一 道 菜 時 就 派 它 上 場 ！ 蕈 菇

蕈菇也是冰箱裡不可或缺的食材之一。
像是想要在拌炒料理中多加一樣料，或是覺得菜色好像有點單調時，
蕈菇都能發揮驚人的存在感，讓便當變得熱鬧非凡。
無論用炒的還是微波加熱都很快就熟，也能將調味料的味道充分吸收。
拌入酸桔醋醬油，或者用培根捲起來，隨便想怎麼料理都行！

RECIPE
43

快 速 醋 漬 舞 菇

[材 料] 1人份

舞菇　30g
鹽・胡椒　各少許
味醂　1小匙
醋　1小匙
醬油　½小匙
芝麻油　少許

1　舞菇剝散成容易入口的大小。

2　在平底鍋中加熱芝麻油，以中火炒
　　1。炒軟後撒上鹽、胡椒，再依序加
　　入味醂、醋、醬油，炒到收汁為止。

3　加入少許的芝麻油（分量外）來增添
　　風味。

舞菇是菇類之中味道和香氣特別強烈，同時富
有口感的蕈菇。炒軟之後加入醋、芝麻油等調
味料，快速做成醋漬料理。配菜是將青椒和火
腿切成細條狀後用蠔油調味的料理，另外還有
珠蔥炒蛋。

金針菇明太子

[材料] 1人份

金針菇　50g
明太子　2小匙

1　金針菇切成3cm長，剝散根部。明太子去皮。

2　將**1**放入耐熱容器中混合均勻，寬鬆地覆上保鮮膜，以600W的微波爐加熱1分鐘。

3　取下保鮮膜再次攪拌，大致放涼。

金針菇明太子除了當成便當菜之外，也可以作為下酒菜。只要攪拌後微波加熱就好，真的完全不耗費工夫。配菜是番茄醬汁涼拌雞肉、炒四季豆。

奶油醬油炒香菇

[材料] 1人份

新鮮香菇　3朵
醬油　少許
奶油　少許

1　香菇去柄，切成5mm厚的片狀。

2　在平底鍋中加熱奶油，以小火慢慢炒**1**。待香菇開始變軟，就以畫圓方式淋上醬油拌炒。

香菇經過仔細慢炒後，香氣和味道會變得非常突出，只需要淋上醬油就是一道美味佳餚。配菜是先以橄欖油加熱再用香草增添香氣的鮪魚和蘆筍，以及辣豆茄子。

酸桔醋醬油拌舞菇

[材料] 1人份

舞菇　20g
酸桔醋醬油　2小匙

1　舞菇剝散成容易入口的大小，以600W的微波爐加熱40秒。趁熱淋上酸桔醋醬油拌勻。

舞菇加熱之後淋上酸桔醋醬油會立刻入味，成為一道美味的配菜。爽脆的口感為整個便當增添變化。另外搭配馬鈴薯燉肉、芝麻拌小松菜。

當天就能煮好！快速燉煮料理

見到便當裡有燉煮料理，總是讓人莫名感到既開心又安心。
在我家，很少會把前天做好的燉煮料理放進便當裡，
通常都是當天早上迅速把燉煮料理做出來。
因為裡面放了鮮味十足的薩摩炸魚餅和柴魚片，所以不需要高湯。
只要用小平底鍋或微波爐加熱，10分鐘就能迅速搞定，
是非常適合忙碌早晨的料理。

RECIPE
47

基本作法

快速燉煮料理

[材料] 1人份

紅蘿蔔　¼根
白蘿蔔（切成圓片）　2cm
薩摩炸魚餅　1片
柴魚片　2g
醬油　1小匙
味醂　2小匙

1　紅蘿蔔和白蘿蔔隨意切成小塊。薩摩炸魚餅切成容易入口的大小。

2　在小平底鍋中放入**1**，加入約可蓋過食材的水，開火煮滾後加入柴魚片、醬油、味醂，用中火來煮。

3　紅蘿蔔和白蘿蔔煮熟後，繼續熬煮到收汁為止。

只要加入會釋放鮮味的薩摩炸魚餅和柴魚片，即使不使用高湯也能做出美味的燉煮料理。為了讓食材更快熟，根菜類要切成小塊。配菜是微波加熱的青江菜、海苔煎蛋捲（P43）。

如果不加入根菜類，並且以砂糖取代味醂來減少水分，就能夠更加縮短料理的時間。配菜是烤鮭魚（P54）、微波加熱的小松菜，另外還在叉燒肉和豆苗之間擠上美乃滋。

用微波爐做燉煮料理不僅簡單，還能用閒置的瓦斯爐製作其他料理。最大的重點在於只將根菜類先加熱煮熟。搭配上炸豬排、美乃滋拌白花椰菜。

使用下述的重口味的快速燉煮料理（燉煮竹筍和紅蘿蔔）製作的便當。利用沾麵醬和柴魚片的相乘效果，做出濃郁的好滋味。以微波爐製作不僅簡單，而且好吃又入味。主菜是滷牛肉（P16）。

RECIPE
48

沒 時 間 時 的
快 速 燉 煮 料 理

[材 料]　1人份

新鮮香菇2朵　薩摩炸魚餅2片
柴魚片2g　醬油1小匙　砂糖
½小匙

1　香菇去柄後切出十字，切成4等分。薩摩炸魚餅切成一口大小。

2　在小平底鍋中放入 **1**，加入約可蓋過食材的水，開火煮滾之後加入柴魚片、醬油、砂糖，以中火煮到幾乎收汁為止。

RECIPE
49

微 波 爐 的
快 速 燉 煮 料 理

[材 料]　1人份

紅蘿蔔⅓根　薩摩炸魚餅1片
水 2 大匙　沾麵醬（免稀釋型）40ml

1　紅蘿蔔隨意切成較小的塊狀，薩摩炸魚餅切成容易入口的大小。

2　將紅蘿蔔和水1大匙放入耐熱容器中，寬鬆地覆上保鮮膜，以600W的微波爐加熱3分鐘。

3　紅蘿蔔熟了之後瀝乾多餘水分，加入薩摩炸魚餅、剩下的水、沾麵醬拌勻。再次寬鬆地覆上保鮮膜加熱2分鐘，將整體混合均勻。

RECIPE
50

重 口 味 的
快 速 燉 煮 料 理

[材 料]　1人份

水煮竹筍20g　紅蘿蔔⅓根
水 2 大匙　🅐《沾麵醬（免稀釋型）40ml　柴魚片3g》

1　竹筍切成容易入口的大小，紅蘿蔔隨意切成小塊。

2　將紅蘿蔔和水1大匙放入耐熱容器中，寬鬆地覆上保鮮膜，以600W的微波爐加熱3分鐘。

3　熟了之後瀝乾多餘水分，加入竹筍、剩下的水、🅐整個拌勻。再次寬鬆地覆上保鮮膜加熱2分鐘，將整體混合均勻。

OTHER ▸ | 其他 |

便當變豐盛了！蛋

蛋的黃色不僅能刺激食慾，
還能讓便當像開滿油菜花一般華麗。
當冰箱裡沒什麼食材而困擾時，
炒蛋和歐姆蛋的出場頻率就會增加。
因為能夠提升視覺上的分量感，
所以在做便當時相當好用。

RECIPE
51

炒蛋

[材料] 1人份

蛋　1顆　　　　　　　　沙拉油　少許
味醂　1小匙

1　將蛋打入碗中打散，加入味醂攪拌均勻。

2　在平底鍋中加熱沙拉油，轉中火等到平底鍋完全熱了之後，一口氣將**1**的蛋液全部倒入。

3　用筷子大動作地攪拌整體，將蛋加熱至全熟。

這是在蛋中加入味醂，帶有些許溫和甜味的鬆軟炒蛋。搭配上以砂糖和醬油做成重口味的鹹甜豬五花燒肉，以及用鹽、胡椒調味的炒杏鮑菇和大蔥。

VARIATION

韭菜煎蛋

RECIPE
52

[材料] 1人份

韭菜1支　蛋1顆　鹽・胡椒各少許　芝麻油少許

1　韭菜切成1cm寬。將蛋打入碗中打散成蛋液。

2　在平底鍋中加熱芝麻油，以小火炒一下韭菜後取出，加到**1**裝蛋液的碗中，撒上鹽、胡椒攪拌。

3　稍微擦拭平底鍋後開中火，倒入**2**使其小範圍地延展開來，煎到蛋差不多熟了就關火，再利用餘溫讓蛋全熟。

韭菜加熱後甜度會增加，和蛋十分對味。而且香氣也很濃郁，讓人一口接一口停不下來。搭配炒維也納香腸、水煮綠花椰菜（P88）。

歐姆蛋一樣可以成為搶眼的主菜。基本上就是以鹽、胡椒調味，然後不管是鮪魚、蔬菜還是維也納香腸，冰箱裡的食材都可以加進去。配菜是加了維也納香腸的普羅旺斯風燉菜。

用肉燥（P24）和馬鈴薯做成西班牙風歐姆蛋，並佐以番茄醬和美乃滋。配菜是炒維也納香腸。淺漬料理是在高麗菜和小黃瓜上撒鹽，再以600W的微波爐加熱30秒便完成了。

RECIPE
53

鮪魚歐姆蛋

[材料] 1人份

蛋　1顆　　　　　　鹽・胡椒　各少許
鮪魚罐頭　20g　　　橄欖油　少許
牛奶　½小匙

1　將蛋打入碗中打散，加入牛奶並撒上鹽、胡椒。加入瀝乾水分的鮪魚，攪拌均勻。

2　在小平底鍋中加熱橄欖油，轉中火等確認平底鍋熱了之後，一口氣將**1**全部倒入。

3　大動作地攪拌整體，等到大約8分熟就對折弄成歐姆蛋的形狀。轉小火，翻面再煎一下後關火，利用餘溫讓蛋全熟。

RECIPE
54

西班牙風歐姆蛋

[材料] 1人份

蛋　1顆　　　　　　水　1小匙
馬鈴薯　40g　　　　牛奶　少許
肉燥（P24）　　　　鹽・胡椒　各少許
　1大匙　　　　　　沙拉油　少許

1　馬鈴薯切成1cm見方的塊狀，在水中浸泡一會後瀝乾水分。和水一起放入耐熱容器中，寬鬆地覆上保鮮膜，以600W的微波爐加熱1分30秒，瀝乾多餘水分。

2　將蛋打入碗中打散，加入牛奶、鹽、胡椒攪拌，接著再加入肉燥和**1**。

3　在平底鍋中加熱沙拉油，轉中火等確認平底鍋熱了之後，一口氣將**2**全部倒入。大動作地攪拌整體，等到大約8分熟就對折弄成歐姆蛋的形狀。轉小火，翻面再煎一下後關火，利用餘溫讓蛋全熟。

外觀也令人雀躍！海苔便當

雖然算不上是一道菜，
卻能夠讓人滿心歡喜地吃光光的海苔便當！
我經常會做成在米飯之間夾入海苔的「雙層海苔」款式。
即使菜色只有1塊日式炸雞和1塊煎蛋捲，
海苔的黑色也能夠發揮點綴的效果，
讓整個便當看起來莫名豐盛。

撒上非常下飯的佃煮昆布柴魚，再放上沾了醬油的海苔。各放入一點日式炸雞（P34）、用削皮器削成薄片的炒紅蘿蔔、雞蛋沙拉、高麗菜絲，做成美味的親子便當。

70

基 本 作 法

海 苔 便 當

[材 料] 1人份

飯　1人份
佃煮昆布柴魚（市售品）　適量
海苔　適量
醬油　適量

1　將飯裝進便當盒裡鋪平，在整體撒上佃煮昆布柴魚。

2　海苔剪成適當大小，在盤中倒入醬油，延展成和海苔的大小差不多。

3　讓海苔沾上醬油，然後放在飯上。

在 米 飯 之 間 夾 海 苔

雙 層 海 苔

[材 料] 1人份

飯　1人份
海苔　適當大小2片
醬油　適量

1　將一半的飯裝進便當盒裡鋪平。

2　在盤中倒入醬油，讓1片海苔的兩面沾上醬油，放在 **1** 的飯上。

3　在 **2** 上面平鋪剩下的飯，讓1片海苔的背面沾上醬油，放在飯上。

VARIATION

01　　　　　**02**　　　　　**03**

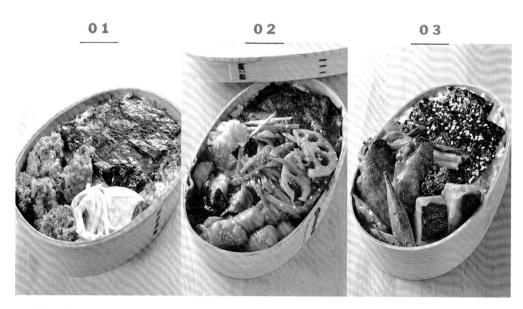

以自製香鬆做成海苔便當

將自製香鬆（P85）撒在飯上，接著把海苔分成2片，讓背面沾上醬油後放上去。配菜是水煮綠花椰菜（P88）、韭菜紅椒雞肉丸、杏鮑菇與金針菇的美乃滋沙拉。

雙層海苔

我把在飯中弄了2層海苔的便當稱為「雙層海苔」（上述）。不僅簡單美味，外觀看起來也很漂亮。菜色則是炒牛蒡絲（P82）、味噌炒茄子青椒以及維也納香腸（P48）。

醬油＋芝麻的海苔便當

「雙層海苔」（上述）。讓最上面的海苔兩面沾上醬油，然後撒上炒芝麻。添上用烤魚網烤的醬油醃雞中翅、水煮南瓜、以鹽和胡椒調味的炒秋葵。

隨 便 拼 湊 的 便 當

匆 忙 之 下 做 出 雜 亂 無 章 ， 不 知 道 誰 是 主 角 的 便 當

0 1

這天的菜色是火腿煎蛋捲（P42）、海苔鱈寶、炒雙色青椒絲、弄碎的烤鮭魚（P54）、花椒小魚乾。前一天我完全沒有思考便當菜色，結果早上打開冰箱一看，發現沒有半個可以當成主菜的食材。後來仔細一瞧，總算找到鱈寶這位救世主。因為只是煎好就放進便當裡實在有點空虛，

於是我靈機一動用海苔捲起來。接著，我把火腿丁加進蛋裡做成煎蛋捲，剩下不到半條的烤鮭魚總不能直接放進去，於是就弄碎再放進去。因為覺得這樣配色不太好看，於是又急忙炒了雙色青椒擺上去。

沒有食材，沒有時間，覺得好累⋯⋯
這種時候也會出現這樣的便當。希望以下的例子能夠給各位當作參考。

雖然失敗了，但我自己還滿喜歡的

02

03

基本上所有的菜色都是常備菜。我把冰箱裡有的常備菜全部都塞進了便當盒裡。雖然只有肉燥（P24）、烤鮭魚（P54）也很下飯，不過我又興沖沖地多加了昆布絲和烤明太子。

便當裡只要有海苔煎蛋捲（P43），整體就會變得既美觀又很好吃的樣子，所以我非常喜歡。而且看到炒牛蒡絲、紅蘿蔔絲和蓮藕（P82），心情也會平靜下來。另外還添上炒維也納香腸和青椒，雖然這樣的便當很普通，卻讓我很滿足。

沒點子時常做的款式

04

05

我家的冰箱裡，經常都會有茄子、青椒、蛋。不知道要煮什麼的時候就會做味噌炒肉（P48），然後搭配上漂亮美觀的海苔煎蛋捲（P43）。因為家裡也沒有肉類和加工肉品，所以就用這2道菜填滿空間。

這天只剩一點點豬肉，蔬菜也只有蘆筍這一樣，於是就做出這樣的便當。煎蛋捲（P42）和維也納香腸真的經常幫上大忙。維也納香腸只要在前端劃十字炒的時候就會打開，不僅能提升視覺上的分量感，便當也會顯得很華麗，相當方便。

06

我有很多時候都是靠肉燥（P24）勉強突破難關。這一天我實在無計可施，只好在飯上面整個鋪滿肉燥，然後把常備的水煮蛋（P86）切片擺上去，再用砂糖、醬油炒少量菠菜和油豆皮，勉強完成這個便當。

07

如果除了煎蛋捲（P42）之外沒有食材可以做成像樣的一道菜，這時我就會用培根捲來應急。不管何種蔬菜都可以，這天我是將彩椒捲起來，微波加熱1分鐘。儘管不可否認有些空虛單調，但總算是勉強完成了。

10

各位可能會有點懷疑「義大利麵能夠當成一道菜嗎？」，但因為是番茄醬口味，所以我認為是沒問題的。而且因為飯上有明太子的關係，所以應該還吃得下去。由於什麼菜也沒有，於是我加上了煎蛋捲（P42）、萵苣絲佐美乃滋。

11

因為家裡只有少量的肉燥（P24），所以我把它混進煎蛋捲（P42）裡。只要把煎蛋捲切成塊狀放進便當裡，就可以填補空間。用火腿捲紅椒和四季豆再微波加熱，然後弄散烤鮭魚（P54）混進飯裡。

突 顯 烤 鮭 魚

08

由於便當裡只有煎蛋捲（P42）和炒蔬菜感覺有些單調，於是我在白飯便當的正中央擺上一大片烤鮭魚（P54）。像這樣突顯烤鮭魚的存在感放進便當裡，似乎也是不錯的做法。

缺 乏 色 彩

09

這一天的菜色是馬鈴薯燉肉、醬油雞（P78）、涼拌高麗菜（P28），吃起來是沒什麼問題，但是整體都是咖啡色，感覺實在有些無趣。因為找不到綠色、紅色等色彩繽紛的食材，所以我在飯上撒了紅色系的香鬆蒙混過關。

總 之 就 用 番 茄 醬 來 炒 吧

12

我把法蘭克福香腸切成厚圓片，和茄子一起用番茄醬來炒（P60）。番茄醬炒菜十分下飯，不知道要做什麼時是很好的選擇。另外添上涼拌高麗菜（P28）和水煮蛋（P86）這種簡單的配菜。

以 大 片 火 腿 展 現 震 撼 力

13

雖然只是把切成一半的大片厚切火腿煎過後放進去，便當盒的畫面卻變得豐富起來。其他配菜就只有煎蛋捲（P42）、水煮綠花椰菜（P88），但整個便當依然充滿震撼力。

便 當 的 紀 錄

在每天忙著製作便當的匆匆歲月裡，為了記住自己過去曾經做過什麼，我會為做好的便當拍照，簡單地在日記中寫下菜色的內容，替當天的便當留下紀錄。

我是從開始寫部落格的2009年左右起，才開始使用相機拍照。雖然我是個滿散漫的人，但無論我多麼忙碌，即使便當的外觀和內容差強人意，我還是每天都會拍照留念。

拍攝便當時，我會選擇採光好的明亮場所。由於我家的廚房窗戶有自然光照入，因此我都固定在流理台旁的烹調空間拍攝。我會鋪上大塊的木板，有時也會鋪上便當包巾，為背景增添變化。因為每次都使用三腳架太麻煩了，所以我都是用手拿著相機拍照。只要拿穩相機的兩側，然後把身體靠在流理台上，稍微斜向而不是從正面拍攝，如此一來就會因為身體能夠固定不動，而不會手震拍出模糊的照片。

平時的拍攝景象。我會變換角度，拍出幾種不同的樣子。

（左）我用來拍照的Nikon單眼相機已經使用超過二十年。雖然有時也會忘了寫菜色日記，不過事後翻閱日記回顧過往，真的是一件很有趣的事情。
（右）我所拍攝的便當照片。

PART 3

簡 單 常 備 菜

雖然有了常備菜，就能輕鬆地迅速做好便當，但要是材料太多，或是要費時費工烹調的料理，實在讓人提不起勁來做。輕鬆又方便好用的簡易菜色才是最佳選擇。例如事先用調味料醃肉，或是將綠花椰菜汆燙備用，本章節將介紹我經常製作的簡單常備菜。

只要泡在醬油裡就好！醬油雞

如果家裡有雞肉，我就會放進保存袋中，加入醬油醃漬備用。
無論是忙到沒時間想菜色的時候，或是疲倦的時候，
早上起床後只要微波加熱醃好的雞肉，
一轉眼就能做出醬油風味的照燒雞肉料理！
直接吃就很美味了，因此我會把它放在便當盒最顯眼的位置。
而且因為加熱後也能保存，所以也很推薦加入蔬菜一起炒。

用微波爐加熱醬油雞做成主菜。因為肉充分吸收了醬油，所以只要擺在飯上面就很好吃了。配菜是色彩繽紛的炒蛋（P68）以及紅蘿蔔炒青椒。

基 本 作 法

醬 油 雞

| 冷藏 | 加熱前 **2** 天 | 加熱後 **5** 天 |

[材 料] 方便製作的分量

雞腿肉　½片
醬油　1又½小匙

1 將雞腿肉和醬油放入保存袋中，隔著袋子輕輕揉捏，使其均勻混合。密封袋子，平放在冷藏庫內醃漬一晚。

2 從袋中取出 **1**，皮朝下放進耐熱容器裡，寬鬆地覆上保鮮膜後以600W的微波爐加熱3分鐘。

3 將雞肉翻面，再次寬鬆地覆上保鮮膜加熱2分鐘。

4 將雞肉翻面，大致放涼後切成容易入口的大小。

VARIATION

0 1　　　　0 2　　　　0 3

＋美乃滋提升濃郁感

在基本食譜中加入1小匙美乃滋。這樣不僅會更加濃郁，還有軟化肉質的效果。撒上七味辣椒粉做成辛辣風味。配菜是用芝麻油、鹽、胡椒拌微波加熱的油菜花和高麗菜，以及水煮蛋（P86）。飯是雙層海苔（P71）。

裹上麵衣半煎炸

醬油雞除了微波加熱之外，用半煎炸（下述）的方式料理也很美味。芝麻香氣十足，麵衣酥脆無比！配菜的青椒和茄子是用鹽搓揉後，加入酸桔醋醬油和茗荷做成清爽的涼拌菜。另外也加入了經典的煎蛋捲（P42）。

和蔬菜一起炒

只要利用醬油雞微波加熱時釋放出來的肉汁，就能做出蔬菜吸飽鮮味的美味蔬菜炒肉。在加熱過的醬油雞中加入少許的肉汁、青椒、茄子一起炒。配菜是燙豬肉、小黃瓜與紅洋蔥的沙拉、烤明太子。

半煎炸醬油雞的材料（方便製作的分量）和作法

混合太白粉1大匙、研磨芝麻（黑・白）各1小匙、蛋液½顆，做成麵衣。在平底鍋中加熱較多的沙拉油，將½片醬油雞裹上麵衣，放入鍋中將兩面煎炸成金黃色。

活用冰箱的調味料！醃肉

只要將豬肉或雞肉、牛肉和調味料一起放進保存袋，
就能在想不出便當菜色時派上用場。
如果拿去冷凍，解凍時調味料就會滲入肉裡，非常適合帶便當！

只要在蛋液中加入味醂、沾麵醬、韭菜做成炒蛋（P68），然後快速清洗平底鍋再煎用味噌醃好的豬肉，即可有效節省時間。順便也把彩椒放進去同時料理。蕪菁則是連皮切好後撒上少許鹽巴，微波加熱30秒後再撒上紅紫蘇香鬆拌勻，就變成美麗的紫色了。

利用家裡現有的淋醬，輕鬆做出蔬菜炒肉。只要前一天晚上先把肉浸在淋醬裡，早上再放進平底鍋和蔬菜一起炒即可。如果蔬菜也在前一天先切好備用，就能夠節省更多時間。配菜是炒蛋和微波加熱1分鐘的小松菜。

味噌醃肉

淋醬醃肉

[材料]
方便製作的分量　　　　　冷藏 2 天　　冷凍 1 個月

豬里肌肉薄片50g　味噌2小匙　味醂1大匙
沙拉油少許

1　味噌和味醂混合均勻。

2　將豬肉和 1 放入保存袋中，隔著袋子輕輕揉捏，使其均勻混合，然後放進冷藏庫醃漬一晚。

3　從袋中取出肉，去除多餘醬汁，切成容易入口的大小。平鋪在以沙拉油潤鍋的平底鍋中，盡量不要移動，以小火將兩面煎成金黃色。

[材料]
方便製作的分量　　　　　冷藏 2 天　　冷凍 1 個月

炸豬排用豬里肌肉1片　油類淋醬（中式、日式、義式等喜歡的市售品）2大匙　彩椒（紅）⅛顆　鴻喜菇20g　番茄醬2小匙
沙拉油少許

1　將豬肉和淋醬放入保存袋中，放進冷藏庫醃漬一晚。

2　從袋中取出豬肉，切成容易入口的大小。將彩椒隨意切塊，鴻喜菇剝散。

3　在平底鍋中倒入沙拉油潤鍋，以小火煎豬肉。熟了之後加入 2 的蔬菜和 1 的淋醬，等到幾乎收汁就加入番茄醬炒一下。

醋漬牛排

[材料]
方便製作的分量

冷藏 2 天　冷凍 1 個月

牛排肉（厚1cm）
　½片
新鮮香菇　1朵
鴻喜菇　少許

A
橄欖油　1大匙
醋　1小匙
醬油　2小匙
鹽・胡椒　各少許
沙拉油　少許

1 將牛肉和Ⓐ放入保存袋中，放進冷藏庫醃漬一晚。

2 從袋中取出牛肉，切成容易入口的大小。香菇去柄後切成薄片，鴻喜菇剝散。

3 在平底鍋中倒入沙拉油潤鍋，放入肉以小火慢煎。熟了之後加入香菇、鴻喜菇和醃料，炒到幾乎收汁為止。

用醋醃過的肉，即使放進便當裡也依舊軟嫩美味。若是和蕈菇一起炒，蕈菇還會將鮮美的肉汁完全吸收進去。配菜是青椒炒小魚乾、炒白蘿蔔絲、黃芥末拌高麗菜和小黃瓜及紅蘿蔔。

酸桔醋醬油醃肉

[材料]
方便製作的分量

冷藏 2 天　冷凍 1 個月

雞腿肉　½片
酸桔醋醬油　1大匙
大蔥　少許

1 將雞肉和酸桔醋醬油放入保存袋中，放進冷藏庫醃漬一晚（若雞肉較厚，就用擀麵棒拍扁）。

2 從袋中取出雞肉，放在烤魚網上以中火烤7分鐘（要小心容易燒焦）。切成容易入口的大小，撒上斜切成薄片的大蔥。

酸桔醋醬油中的醋和醬油能夠軟化肉質，並且使其充分入味，是非常方便的調味料。雖然微波加熱也OK，不過用烤魚網烤能夠享受到迷人的香氣。將微波加熱1分鐘的秋葵和鴻喜菇快速炒過，再添上加了紅辣椒的炒紅蘿蔔絲。

簡單常備菜

美味日式便當

81

下飯的經典菜色！炒牛蒡絲

說起便當的代表性配菜，那就非炒牛蒡絲莫屬了。

牛蒡、紅蘿蔔、蓮藕都是經常使用的食材，

不過有時我也會改用白蘿蔔的皮、西洋芹等特殊材料來製作。

見到便當裡有炒牛蒡絲，總會讓人莫名地感到安心。

不僅下飯，還能夠攝取到膳食纖維和維生素，

又是家人最愛的菜色，這道料理讓身為母親的我很有成就感。

在便當盒正中央擺上大量的炒紅蘿蔔牛蒡絲。由於其他菜色的調味比較清淡，於是我放入一大堆鹹鹹甜甜的炒牛蒡絲當成主角。搭配上番薯天婦羅、微波加熱的油豆皮和菠菜、煎蛋捲（P42）。

基本作法

炒牛蒡絲

冷藏 5 天

[材料] 方便製作的分量

牛蒡　1支	醬油　1又½大匙
紅蘿蔔　1根	Ⓐ 味醂　1大匙
芝麻油　2小匙	砂糖　1小匙

1　牛蒡用棕刷清洗表皮後，和紅蘿蔔一樣切成細條狀，牛蒡要放入裝有大量清水的碗中去除雜質，之後撈起來瀝乾。

2　在平底鍋中加熱芝麻油，以中火充分拌炒1。變軟後加入Ⓐ，炒到幾乎收汁為止。

VARIATION

01　鹽炒牛蒡絲　　02　炒紅蘿蔔絲　　03　炒蓮藕

鹽炒牛蒡絲　冷藏 5 天

用削皮器將蔬菜削成細薄片，這樣不僅口感柔軟，煮熟和入味的速度也會加快，能夠縮短烹調時間。用少許鹽巴調味，做成鹽炒牛蒡絲（下述）。再放入煎蛋捲（P42）、維也納香腸和炒菠菜。

炒紅蘿蔔絲　冷藏 5 天

只要加入蜂蜜來取代砂糖，就會變成日式的糖煮紅蘿蔔。這道菜很快就熟，只要約5分鐘就能完成，所以早上製作也OK。配菜是炒高麗菜、在剩下的餃子肉餡外裹芝麻去煎的料理。

炒蓮藕　冷藏 5 天

口感爽脆美味的炒蓮藕（下述）是七味辣椒粉添加辛辣感。搭配上煎蛋捲（P42），將切成大塊的維也納香腸跟豌豆莢、鴻喜菇一起炒，再佐上美乃滋。

鹽炒牛蒡絲的材料
（方便製作的分量）和作法

將紅蘿蔔、牛蒡各1支用削皮器削成細薄片，牛蒡要泡水去除雜質，然後瀝乾。加熱2小匙芝麻油，以中火炒蔬菜。變軟後加入鹽½小匙、味醂1大匙、砂糖1小匙，炒到幾乎收汁就關火，混入研磨芝麻（白）1大匙。

炒紅蘿蔔絲的材料
（方便製作的分量）和作法

將紅蘿蔔¼根切成細條狀。在平底鍋中加熱少許的芝麻油，以中火拌炒。變軟之後加入味醂2小匙、蜂蜜1小匙、醬油少許，炒到幾乎收汁為止。

炒蓮藕的材料
（方便製作的分量）和作法

在平底鍋中加熱少許的芝麻油，以中火拌炒10片蓮藕薄片。變軟後加入味醂1小匙和醬油少許，炒到幾乎收汁再撒上少許七味辣椒粉。

讓便當更美味！自製飯友

為了讓家人能夠津津有味地吃完最後一口飯，
我會在便當裡加入自製的飯友。
像是把熬高湯時剩下的大量柴魚片做成香鬆等等，
有空時我就會使用便宜的食材製作備用。

RECIPE
6 2

芝麻香菇

[材料]　方便製作的分量　　冷藏 **5** 天

新鮮香菇6朵　砂糖2小匙　醬油・酒各1大
匙　研磨芝麻（白）適量

1　香菇去柄後切出十字，切成4等分。

2　在平底鍋中放入芝麻以外的材料，以中火
　　煮到幾乎收汁。

3　加入芝麻混合，關火大致放涼。

只要將芝麻香菇當成常備菜煮好備用，要用時就非常
方便。可依個人喜好加入醬油或減少砂糖的用量。主
菜的酸桔醋醬油炒豬肉茄子中加入了紅蘿蔔絲，藉此
增添色彩。配菜是水煮綠花椰菜（P88）佐美乃滋。

RECIPE
6 3

吻仔魚奶油佃煮

[材料]　方便製作的分量　　冷藏 **5** 天

吻仔魚乾100g　奶油1小匙　醬油2小匙
鹽・胡椒各少許

1　在平底鍋中加熱奶油，放入吻仔魚，撒上
　　鹽、胡椒，以中火拌炒。

2　等到吻仔魚開始變成金黃色，就以畫圓方
　　式淋上醬油，關火起鍋。

吻仔魚奶油佃煮是有些奇特的奶油風味料理，和西式
的菜色也很搭。煎鮭魚和鴻喜菇炒青椒則是帶有些許
鹹味，和吻仔魚奶油佃煮一起享用，兩種味道之間的
清晰對比令人欲罷不能。

高湯香鬆

冷藏10天　冷凍1個月

[材料]　方便製作的分量

柴魚片（熬完高湯剩下的）　40g
砂糖　2大匙
炒芝麻（白）　1大匙
酒・醬油　各1大匙

1　將熬好高湯的柴魚片放入平底鍋，煎到沒有水分。

2　在**1**中加入砂糖和芝麻，將整體拌炒至均勻裹上芝麻。

3　在**2**中加入酒和醬油，待整體味道融合就關火，邊冷卻邊攪散以免硬化。

只要撒上自製的高湯香鬆，就能津津有味地把飯吃光光。也能用來製作涼拌料理，非常方便。菜色有薑燒豬肉紅椒和韭菜（P12）、水煮綠花椰菜（P88）、略甜的南瓜美乃滋沙拉。

簡易滷羊栖菜

冷藏5天

[材料]　方便製作的分量

羊栖菜（乾燥）　　砂糖・味醂　各1小匙
　　3大匙　　　　　醬油　1大匙
紅蘿蔔　⅓根　　　芝麻油　1小匙

1　羊栖菜用水泡開後撈起來瀝乾。紅蘿蔔切成細條狀。

2　在鍋中加熱芝麻油，以中火炒**1**。

3　變軟後，加入約可蓋過食材的水、砂糖、味醂、醬油，煮到幾乎收汁為止。

滷羊栖菜的材料本來還要更多，不過以便當菜來說只要有羊栖菜和紅蘿蔔就夠了。以簡單的食材來製作，就可以加進煎蛋捲裡或是混進馬鈴薯沙拉裡，自由變換使用方式，十分方便。搭配上味噌炒彩椒茄子（P48）、煎蛋捲（P42）。

變化多端！水煮蛋

我會一次煮好3～4顆蛋，放入冰箱備用。

不管是切片，還是對切後放進便當裡填補空間，

或是壓碎做成雞蛋沙拉，水煮蛋可隨意變化成各種型態！

因為是便當，我也會特別留意將水煮蛋完全煮熟。

由於煮太久蛋黃周圍會泛藍，

可是又不能半熟，因此熟度的拿捏非常重要。

由於主菜是烤肉醬炒豬肉、洋蔥、雙色青椒，味道已經很濃重了，因此配菜只要準備水煮蛋和水煮綠花椰菜（P88）便足夠了，沒有必要讓所有菜色都有味道。將水煮蛋切片擺上去。

基本作法

水 煮 蛋

冷藏 **5** 天

[材 料] 方便製作的分量

蛋　3顆

1 將蛋從冰箱中取出備用。在小鍋中煮滾大量熱水，沸騰後把蛋放
　　在圓杓上緩緩放入鍋中。

2 以中火煮10分鐘，之後馬上放進冷水中冷卻。

VARIATION

01

02

03

調味蛋

因為那天我做了黑醋滷豬肉，於是便利用那個滷汁做成調味蛋。將滷豬肉的滷汁和水煮蛋放進保存袋中，擠出空氣密封，醃漬半天以上。染成褐色的水煮蛋令人胃口大開。配菜是蒟蒻炒紅蘿蔔絲、水煮綠花椰菜（P88）。

奶油拌明太子

微波融化奶油，混入弄散的明太子，然後和切成大塊的水煮蛋拌在一起。這道料理雖然簡單，卻意外地下飯。搭配上用油豆皮捲雞絞肉做成的炸肉捲，以及微波加熱後拌入酸桔醋醬油的油菜花和培根。

雞蛋沙拉

以美乃滋拌弄碎的水煮蛋，做成沙拉，然後填入對切後捲成喇叭狀的火腿裡。沒有主菜時，這招密技不僅可以填補便當的空間，還能夠營造出華麗感。配菜是滷羊栖菜（P85）、炒高麗菜以及蟹肉棒。

增添色彩！水煮綠花椰菜

綠花椰菜只需要微波加熱即可，
以常備菜來說作法實在非常簡單，
不過只要有了綠花椰菜，便當的色彩頓時就會明亮起來。
有時我也會直接放進便當裡，
但是在綠花椰菜之間擠上少量美乃滋會更令人開心。
另外，將水煮綠花椰菜放進平底鍋中拌炒上色，
可以讓多餘的水分蒸發掉、帶出甜味，變得更加美味。

主菜是加入洋蔥、彩椒
做成的烤肉（P20）。
再放入水煮綠花椰菜和
醃漬菜就完成了。即使
菜色數量很少，只要有
綠花椰菜漂亮的綠色，
就會感覺整個便當很豐
盛完整。

基本作法

水煮綠花椰菜

冷藏 **3** 天

[材 料]　方便製作的分量

綠花椰菜　½株
水　1大匙

1　綠花椰菜分成小朵放入耐熱容器中,加入水。

2　寬鬆地覆上保鮮膜,以600W的微波爐加熱2分鐘。瀝乾多餘水分,大致放涼。

VARIATION

01　　　　　　　02　　　　　　　03

用平底鍋乾煎

保存到第2~3天的綠花椰菜,我會用平底鍋乾煎到出現焦色,或是在平底鍋中加熱少許沙拉油,放入綠花椰菜,撒上鹽、胡椒以中火來炒。這麼一來,綠花椰菜就會變得更加鮮甜美味。搭配上鹹甜風味的南瓜肉捲、培根炒蛋、市售的滷豆子。

加入食材拌炒

用橄欖油炒水煮綠花椰菜和杏鮑菇。像是蔬菜、維也納香腸等,只要加入1樣食材和綠花椰菜一起炒,轉眼就能完成一道料理。搭配上番茄醬汁燉吃剩的肉丸和維也納香腸。這天的便當雖然幾乎只有2道菜,紅綠的亮眼配色卻讓整體一點都不單調。

滑蛋

儘管做了烤鮭魚(P54)、炒維也納香腸,但是因為沒有蔬菜,於是我又趕緊做了這道滑蛋綠花椰菜。重點在於要撒上鹽、胡椒來炒,好帶出水煮綠花椰菜的甜味。接著只要以畫圓方式倒入蛋液,加熱煮熟即可。

清爽鮮甜！

水煮蔬菜

我很少會在便當裡放生蔬菜，通常都是以加熱過的蔬菜來調整色彩。
由於蔬菜本身的味道就已經夠美味了，因此我也經常會不調味就放進便當。

菠菜

南瓜

因為主菜的分量大又屬於重口味，所以我沒有對菠菜進行任何調味就直接放進去。主菜是將冷凍的雞肉丸解凍，加入黑木耳和水煮紅蘿蔔做成番茄糖醋醬風味，配菜是煎蛋捲（P42）。

微波加熱過的南瓜非常鮮甜美味，於是我撒上炒芝麻（白）後就直接裝進便當盒裡。主菜是加了肉燥（P24）的煎蛋捲（P42）。配菜的高麗菜用微波爐加熱後，和拌了鹽、胡椒、芝麻油的吻仔魚混合，做成沙拉風格的一道菜。

RECIPE

68

菠菜

[材料] 方便製作的分量

菠菜　3株

1　菠菜洗淨後切成一半的長度。

2　不瀝乾菠菜的水分直接放入耐熱盤中，寬鬆地覆上保鮮膜，以600W的微波爐加熱1分鐘。

3　在水中浸泡一會，之後擰乾水分，切成容易入口的長度。

RECIPE

69

南瓜

[材料] 方便製作的分量

南瓜　200g
水　1大匙

1　南瓜去皮後切成2㎝厚的片狀，再切成適當大小。

2　不重疊地平放在耐熱容器裡，加入水，寬鬆地覆上保鮮膜，以600W的微波爐加熱4分鐘。等到南瓜變軟就取出，瀝乾多餘水分，大致放涼。

用微波爐水煮蔬菜

我一般都是當天早上，
才以微波加熱的方式製作。
這種作法不僅可節省滾水的時間，
中午吃的時候仍保有食材的風味，
因此我十分推薦。

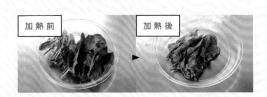
加熱前　▶　加熱後

把切好的蔬菜放進耐熱容器（洗過的蔬菜不要瀝乾水分，沒有水分的蔬菜則灑上少許水），寬鬆地覆上保鮮膜，微波加熱。

四季豆

甜豆

四季豆用鹽水煮過後甜度會提升。搭配上將豬肉、青椒、紅蘿蔔切成細條狀，再以蠔油和醬油調味的中式料理。因為主菜的味道非常下飯，所以四季豆的清淡風味正好可以發揮清口解膩的效果。

甜豆的莢皮厚實且帶有甜味，所以我大多會直接放進便當盒，或是簡單地搭配美乃滋食用。打開豆莢讓豆子露出來，看起來會更有趣味。搭配上番茄醬炒豬肉（P60，加入彩椒）、佃煮昆布、炒蛋（P68）。

RECIPE
70

四季豆

[材 料] 方便製作的分量

四季豆　10支
鹽　1小撮
水　200ml

1　在小鍋中放入水和鹽巴煮沸。四季豆去柄去筋。

2　將四季豆放入鍋中汆燙1分鐘，等到變成鮮豔的翠綠色就取出，瀝乾放涼。

RECIPE
71

甜豆

[材 料] 方便製作的分量

甜豆　5支
水　1大匙

1　將甜豆不重疊地平放在耐熱容器中，加入水，寬鬆地覆上保鮮膜，以600W的微波爐加熱40秒。

2　取下保鮮膜，瀝乾多餘水分，大致放涼。

便 當 的 盛 裝 方 式

剛開始使用曲木便當盒時，我曾經不曉得該怎麼把料理裝進去，而經歷過許多錯誤的嘗試。像是使用萵苣等葉菜來分隔，使用好幾種流行的矽膠杯，或是將料理塞得滿滿的。

每次回顧過去的便當照片，總會有種自己過度努力的感覺。

隨著時間流逝，我漸漸學會放輕鬆，不再做無謂的事情。矽膠杯因為很難去除油污，洗起來很辛苦，所以不再使用；用萵苣類來分隔會變軟變塌，所以乾脆切成細絲，當成一道菜。然後我也不再把料理塞滿整個便當盒，而是將料理立起來，藉此呈現出立體感。

[以 前 的 便 當 是 這 樣 子]

使用萵苣和矽膠杯來分隔。現在看起來總覺得很刺眼。

先鋪上葉菜，再把料理放到杯子裡裝進便當盒。

塞得滿滿的雙層便當。飯上面的裝飾讓人感覺努力過了頭。

使用矽膠杯。像是加上刻花之類，當時的料理比現在費工許多。

肉燥放太多，結果沒有足夠的空間可以裝其他菜。

一心想要填滿空隙而用料理把便當裝得太滿。

[填 裝 便 當 的 重 點]

1

2

3

4

飯要裝得
有斜度

把飯裝進便當盒時，我會用飯杓將米飯壓出斜度。如此一來裝料理時就會產生立體感，整體看起來也比較平衡。

鋪上杯子

先把紙製的分隔杯鋪在要盛裝料理的位置上。由於便當盒的邊緣容易堆積污垢，因此要把杯子盡量展開，遮住角落邊緣的部分。

將料理
立起來

裝料理時，要讓料理沿著米飯的斜面立起來。下面鋪上青紫蘇不僅可以和米飯分隔開來，也能在色彩上發揮點綴的效果。

不要全部放進去，
最後再進行調整

料理不要一開始就全部放進去，先留下一點看看整體的平衡感如何。如果覺得分量不夠，最後再視情況調整追加。

完成

主菜是肉捲（P30），配菜有涼拌高麗菜（P28）、海苔煎蛋捲（P43）。
在飯上撒黑芝麻，再添上醃嫩薑就完成了。

分隔杯

我使用的是紙製的杯子。比起分隔，鋪在便當盒裡的主要目的其實是為了防污。大小以底長3～5cm的尺寸為主，如果要添上美乃滋或番茄醬，有時也會使用更小的杯子。

盛裝的 4 大必知重點

接下來，我將介紹如何在短時間內，盛裝出漂亮又美觀的便當。
以下重點提供給不知如何盛裝的你作為參考。

POINT 1 ：把葉菜類蔬菜做成料理

如果把葉菜類蔬菜拿來分隔或墊底，吃的時候就會變得又軟又塌……
為了讓葉菜成為清口解膩的一道料理，還是切成細絲直接裝進去吧。
至於青紫蘇則可以用來分隔，其所具備的抗菌能力對於預防夏季食物中毒也很有效。

放入高麗菜絲分隔不同的料理。

在炸豬排佐醬汁旁擺放萵苣，一解油炸物帶來的油膩感。

在飯上鋪青紫蘇再放上滑蛋肉排。鮮豔的綠色十分亮眼。

POINT 2 ：沒有紅色料理時的救世主

想要在色彩中增添紅色卻沒有菜……這種時候也請不要放棄，
番茄醬其實也算得上是紅色的料理。
真的什麼都沒有時，使用紅色杯子也是一個妙招。

在小杯子裡擠入番茄醬，擺在便當正中央。

在煎雞肉上淋大量番茄醬，突顯鮮豔的紅色。

因為缺少了紅色，於是我把小黃瓜鮪魚沙拉裝進紅色杯子裡。

[紫色]
柴漬

[黑色]
佃煮昆布

POINT 3 ┊ 方便好用的醃漬菜

我經常會在便當裡添上醃漬菜，讓整體外觀更顯完整。
紫色、粉紅色、黃色、綠色、黑色，
只要從這5色中挑選幾種備用，隨時都能派上用場。

[粉紅色]
糖醋嫩薑

因為牛肉和蘿蔔乾切絲的顏色很低調，讓鮮豔的紅薑顯得格外突出。

在飯的正中央以佃煮昆布描繪出線條，再添上醃黃蘿蔔。

[粉紅色]
紅薑

[黃色]
醃黃蘿蔔

[綠色]
醃漬野澤菜

POINT 4 ┊ 為米飯加分

米飯的白色面積太大，有時會讓便當看起來單調冷清。
因此一方面為了健康著想，我經常會撒上黑芝麻加以裝飾。
除此之外，添上紅紫蘇香鬆等香鬆或梅乾，也能夠讓整體印象大為改變。

在飯上撒香鬆。和煎蛋捲的黃色相互輝映，給人明亮的印象。

雙層便當因為飯量較多，所以用紅紫蘇香鬆在正中央描繪出線條。

偶爾改用雜糧飯也是一個新鮮的選擇。飯的顏色讓便當不顯得單調。

KURIKAESHI TSUKURITAKUNARU! RAKU BENTO RECIPE
by Rie Hasegawa
Copyright © 2017 Rie Hasegawa
All rights reserved.
Original Japanese edition published by EI Publishing co., Ltd.

This Complex Chinese edition is published by arrangement
with EI Publishing co., Ltd., Toyko
in care of Tuttle-Mori Agency, Inc., Tokyo.

在家也會做美味日式便當150款

2020 年 10 月 1 日初版第一刷發行

作　　者	長谷川りえ
譯　　者	曹茹蘋
編　　輯	邱千容
特約設計	麥克斯
發 行 人	南部裕
發 行 所	台灣東販股份有限公司
	＜網址＞http://www.tohan.com.tw
法律顧問	蕭雄淋律師
香港發行	萬里機構出版有限公司
	＜地址＞香港北角英皇道499號北角工業大廈20樓
	＜電話＞（852）2564-7511
	＜傳真＞（852）2565-5539
	＜電郵＞info@wanlibk.com
	＜網址＞http://www.wanlibk.com
	http://www.facebook.com/wanlibk
香港經銷	香港聯合書刊物流有限公司
	＜地址＞香港新界大埔汀麗路36號
	中華商務印刷大廈3字樓
	＜電話＞（852）2150-2100
	＜傳真＞（852）2407-3062
	＜電郵＞info@suplogistics.com.hk

HASEGAWA RIE

▾

長谷川りえ

料理研究家。在知名食品公司負責商品開發，研發出
眾多熱賣商品。而後，在累積過餐廳、法式甜點店、
料理研究家助理的工作經驗後獨立創業，目前廣泛活
躍於雜誌、書籍、電視等領域。約莫二十年前開始為
丈夫製作便當，並且在部落格上介紹每天的便當菜
色。著有《園児べんとう》、《すぐ作れて毎日使え
る！　10分常備菜100》（皆為枻出版社），《青空
ピクニック弁当》（イカロス出版）等多本書籍。

「家族へ　健康弁当」　http://riesan.exblog.jp

日文版STAFF
編輯　　　　　矢澤純子
攝影　　　　　長谷川りえ（所有便當）
　　　　　　　山野知隆
　　　　　　　（P1-3、P7-8、P10、P43、P46、
　　　　　　　P76、P91、P93、P95-96）
造型　　　　　木村遙